Otto Sckell

REPETITORIUM DER ALLGEMEINEN BOTANIK

für Mediziner, Pharmazeuten und Biologen

HITZEROTH MARBURG

CIP-Titelaufnahme der Deutschen Bibliothek

Sckell, Otto:
Repetitorium der allgemeinen Botanik: für Mediziner, Pharmazeuten u.
Biologen / von O. Sckell. - 35. Aufl., unveränd. Nachdr. -
Marburg: Hitzeroth, 1988
(Dr. O. Sckell's naturwissenschaftliche Repetitorien)
ISBN 3-925944-64-8

Vorwort

Dieses Botanikrepetitorium für Mediziner, Pharmazeuten und Biologen ist wie das Physikrepetitorium von demselben Verfasser ebenfalls auf Grund einer großen Examensfragensammlung von allen deutschen Universitäten abgefaßt und nach denselben didaktischen Grundsätzen geschrieben. **Es bringt daher den Wissensstoff aus der Botanik, dessen Kenntnis für das Bestehen der Botanikprüfung unbedingt erforderlich ist.** Ferner ist das Repetitorium methodisch aufgebaut, der Stoff übersichtlich gegliedert und häufige Hinweise und Wiederholungen heben die wichtigsten Prüfungssachen hervor. Demselben Zwecke dient noch eine Angabe der wichtigsten Prüfungssachen. Es ist eigentlich überflüssig, noch zu betonen, daß dieses Botanikrepetitorium ein Repetitorium und kein Lehrbuch ist. Es soll nicht den Besuch der Vorlesung oder das Studium eines größeren Lehrbuches ersetzen, sondern soll für den Studierenden ein Hilfsmittel sein, um seine durch den Besuch der Vorlesung und das Studium eines größeren Lehrbuches erworbenen Kenntnisse nochmals vor dem Examen in kurzer, aber einprägsamer Form zu wiederholen und für das Examen zu festigen.

Der Verlag

INHALTSVERZEICHNIS

Erklärung der Abkürzungen und Zeichen

s. S.	siehe Seite	usw.	und so weiter	u. a.	und andere
vgl.	vergleiche	z. B.	zum Beispiel	u. a. m.	und andere mehr

Sternchen (*) bedeutet: nicht für den Mediziner

Angabe der wichtigsten Prüfungssachen Seite 110

A. ANATOMIE UND MORPHOLOGIE

1. Kapitel

Allgemeines

Die Botanik ist die Wissenschaft von den Pflanzen; sie ist aus folgenden Gründen für Mediziner wichtig:

1. Die Pflanzen liefern mittelbar oder unmittelbar die Nahrung für den Menschen. Ohne Pflanze ist kein tierisches Leben möglich, da die Pflanze erst die für die Tiere notwendigen endothermen organischen Stoffe: Kohlehydrate, Fette, Eiweiß erzeugt. Die Pflanzenkost ist außerdem wegen ihres hohen Vitamingehaltes für den Menschen noch besonders wichtig.
2. Manche Pflanzen, nämlich Bakterien, Pilze, sind Erreger von Krankheiten des Menschen.
3. Manche Pflanzen liefern den Menschen wichtige Heilmittel.
4. Die Pflanzen befolgen dieselben allgemeinen biologischen Gesetze wie die Tiere, also auch wie die Menschen. Diese Gesetze können an den Pflanzen leicht erforscht werden. So sind z. B. die allgemeingültigen Vererbungsgesetze von Gregor Mendel an den Pflanzen, nämlich an Erbsenpflanzen, gefunden worden.

Die Lebewesen, Pflanzen und Tiere, unterscheiden sich von der leblosen Materie durch folgende Eigenschaften: Entwicklung, Wachstum, Stoffwechsel, Reizbarkeit, Fortpflanzung. Ferner haben alle Lebewesen Protoplasma, das eine strukturierte Eiweiß-Fett-Wasser-Emulsion mit selbststeuernden Eigenschaften ist. So gut wie alle Lebewesen haben einen zellenhaften Bau, nur den Myxomyceten (Schleimpilzen) fehlt dieser.

Den Lebewesen stehen nahe, ohne selbst zu ihnen zu gehören, die **Viren**. Dies sind tote Stoffe, die sich vermehren können, aber abweichend von den Lebewesen nur in lebender oder überlebender Substanz, also nicht auf toten Nährböden, auf denen sich die Bakterien vermehren; außerdem haben sie keinen eigenen Stoffwechsel, zeigen also keine Atmung oder Gärung. Ein Virus ist ein sehr großes Nukleinsäuremolekül mit einer Eiweißhülle, bedeutend kleiner als die Bakterien und mit dem gewöhnlichen Mikroskop nicht wahrnehmbar. Die Viren sind Erreger von vielen Infektionskrankheiten von Menschen, Tieren und Pflanzen; Viruskrankheiten sind z. B.: Tabakmosaikkrankheit, Maul- und Klauenseuche, Fleckfieber, spinale Kinderlähmung u. a. m.

Merke gut:

Die Unterschiede zwischen Pflanze und Tier

Pflanze	Tier
1. Zellen von einer festen Zellmembran aus Zellulose umschlossen; Ausnahmen: Schwärmsporen, Gameten, Myxomyceten und manche Geißelpflanzen (Flagellaten) wie Euglena viridis, die keine feste Zellmembran haben. Pilze haben eine Membran aus Chitin.	1. Zellen nackt, d. h. ohne Zellmembran, nach außen hin nur durch eine verdickte Eiweishülle abgeschlossen.
2. Autothrophe Ernährung, d. h. Ernährung durch exotherme anorganische Stoffe (Wasser, Salze, Kohlendioxyd). Ausnahme: die heterotrophen Pflanzen wie Bakterien, Pilze und parasitären Pflanzen.	2. Heterotrophe Ernährung, d. h. durch endotherme organische Stoffe, die von Pflanzen oder anderen Tieren stammen.
3. Photosynthese, das ist der Aufbau der Kohlehydrate aus Wasser und Kohlendi-	3. Keine Photosynthese, daher auch kein Chlorophyll, und keine Chemosynthese.

oxyd unter Aufnahme von Lichtenergie mit Hilfe des grünen Chlorophylls – oder Chemosynthese, das ist der Aufbau organischer Stoffe mit Hilfe der durch anorganische Oxydation gewonnenen Energie; Ausnahme: die farblosen heterotrophen Pflanzen (z. B. Bakterien, Pilze u. a.).

4. Aufnahme der Nährstoffe nur in gasförmiger oder gelöster Form (Kohlendioxyd als Gas und Salze gelöst in Wasser) und an der äußeren Oberfläche (Wurzelhaare, Blätter).

5. Ausscheidung von Stoffwechselprodukten nur in Form von Kohlendioxyd, Sauerstoff und Wasser. Keine Ausscheidung von stickstoffhaltigen Exkreten.

6. Keine Ortsbewegung; Ausnahme: Myxomyceten, Schwärmsporen, Gameten, einige Bakterien und Flagellaten.

7. Unbegrenztes Wachstum während der Lebensdauer.

8. Geringere Differenzierung der Gewebe und Organe, keine ausgeprägten Sinnesorgane.

4. Aufnahme der Nahrungsstoffe in ungelöster Form und Vorbereitung der Nahrung in inneren Höhlen (Mund, Darm).

5. Ausscheidung von Wasser, Kohlendioxyd und von unverbrauchten Nahrungsresten, besonders Ausscheidung von stickstoffhaltigen Verbindungen des Stoffwechsels.

6. Ortsbewegung die Regel, doch Ausnahmen: z. B. die festsitzenden Meerestiere wie Seeanemonen.

7. Begrenztes Wachstum während der Lebensdauer.

8. Starke Differenzierung der Gewebe und Organe, ausgeprägte Sinnesorgane.

Der Unterschied zwischen Pflanze und Tier ist um so größer und ausgeprägter, je höher entwickelt sie sind Die niedersten Pflanzen und Tiere unterscheiden sich nur wenig, so gehören die einzelligen Flagellaten – Geißelpflanzen (grün, autotroph) und Geißeltiere (farblos, heterotroph) – teils zum Pflanzenreich, teils zum Tierreich.

Einteilung des Pflanzenreiches
Natürliches, d. h. auf Entwicklung und Verwandtschaft beruhendes Pflanzensystem

A. Thallus- oder Lagerpflanzen (Thallophyten)
Pflanzen, die entweder einzellig sind oder, wenn mehrzellig, noch keine ausdifferenzierten Organe haben, sondern nur ein Lager(Thallus) bilden.

I. Spaltpflanzen (°Schizophyten)
so genannt, weil sie sich ausschließlich durch direkte Zellteilung (Spaltung, fortpflanzen.

1. Bakterien (Spaltpilze oder °Schizomyceten),
2. Blaualgen oder Spaltalgen.

II. Algen
1. Geißelalgen (Flagellaten),   4. Grünalgen,   7. Armleuchteralgen.
2. Kieselalgen °Diatomeen),   5. Braunalgen,
3. Jochalgen (°Konjugaten),   6. Rotalgen,

III. Pilze
Diese bilden Fäden, die Hyphen heißen und einzeln oder verzweigt sind und dann ein verzweigtes Geflecht, das sogenannte Myzel, bilden.

1. Echte Pilze (°Fungi),
2. Flechten (Lichenen), Verband (Symbiose) von Algen und Pilzen.

B. Moospflanzen
Diese haben zum Teil schon Stämmchen, grüne Blätter und einfache Leitbündel, aber noch keine echten Wurzeln, sondern nur Rhizoide (unverzweigte oder verzweigte Zellfäden), mit denen sie sich im Erdboden befestigen.

I. Lebermoose
II. Laubmoose

C. Gefäßpflanzen (Kormophyten)

Diese haben einen Kormus, der aus Wurzel, Stengel (Stamm) und Blättern besteht; sie sind also in Organe differenziert, außerdem besitzen sie Gefäße (Leitbahnen).

I. Farnpflanzen

Diese haben noch keine Blüten und bilden also noch keinen Samen.

1. Nacktfarne,
2. Bärlappgewächse,
3. Schachtelhalmgewächse,
4. Farne.

II. Blüten- oder Samenpflanzen (°Spermatophyten)

Diese bilden Blüten und Samen. Der Pflanzensamen ist im wesentlichen ein von der Pflanze (Mutterpflanze) vollständig ausgebildetes Tochterpflänzchen – also ein Embryo – mit Wurzel, Sproß und Blättern, den sogenannten Keimblättern (Kotyledonen), das zunächst sein Wachstum unterbricht und sich von der Mutterpflanze trennt.

1. Nacktsamige Pflanzen (Gymnospermen)

Bei diesen fehlt noch die Blütenhülle oder ist nur sehr unscheinbar, und die Samenanlagen liegen in der Blüte offen. Der Embryo des Samens hat meistens mehrere Keimblätter.

Die wichtigsten sind die Nadelhölzer (Coniferen) wie Tanne. Fichte.

2. Bedecktsamige Pflanzen (Angiospermen)

Diese haben eine Blütenhülle und die Samenanlage ist in dem Fruchtknoten eingeschlossen.

a. Zweikeimblättrige Pflanzen (Dikotylen).

Der Embryo hat zwei Keimblätter. Die Blätter sind netznervig. Zu ihnen gehören z. B. die Hülsenfrüchte (Erbse, Bohne), die Kreuzblütler und die bekannten einheimischen Laubbäume.

b. Einkeimblättrige Pflanzen (Monokotylen).

Der Embryo hat nur ein Keimblatt, die Blätter sind parallelnervig; die Monokotylen sind wahrscheinlich entwicklungsgeschichtlich aus den Dikotylen durch Zusammenwachsen der beiden Keimblätter entstanden. Zu ihnen gehören z. B. die Zwiebelpflanzen (Küchenzwiebel, Knoblauch, Lilien), die Gräser, also die Getreidearten, Orchideen, Palmen.

Der Körper der Pflanze ist entweder nicht in Organe gegliedert und bildet ein Lager (**Thallus**) oder ist gegliedert und bildet dann einen **Kormus**, der aus Wurzel, Stengel (Stamm) und Blättern besteht und außerdem Leitbahnen – das sind Gefäße für Wasser-, Nährsalz- und Nährstoffleitung – enthält. Demgemäß unterscheidet man:

Thallophyten (Lagerpflanzen) mit einem Thallus, ohne Leitbahnen,

Kormophyten (Gefäßpflanzen) mit einem Kormus (Wurzel, Stengel, Blätter) und mit echten Leitbahnen.

Merke noch folgende Pflanzentypen:

Hydrophyten, (Wasserpflanzen), das sind Kormophyten, die im Wasser leben und an das Leben im Wasser angepaßt sind.

Landpflanzen, die auf dem Lande wachsenden Kormophyten.

Xerophyten, das sind Landpflanzen, die auf sehr trockenem Boden und in sehr trockenem Klima wachsen.

Hygrophyten, das sind Landpflanzen, die auf sehr feuchtem Boden und in sehr feuchtem Klima wachsen.

Tropophyten, das sind Landpflanzen, die dem Klimawechsel (feucht-trocken) oder dem Wechsel der Jahreszeiten (Sommer-Winter) angepaßt sind.

Epiphyten, das sind Pflanzen, die auf anderen Pflanzen wachsen, sich aber im Gegensatz zu den Parasiten selbst ernähren.

Nach der Ernährungsweise unterscheidet man:

I. **Autotrophe Pflanzen;** dies sind Pflanzen, die nicht von organischen Stoffen leben, sondern die organische Stoffe aus anorganischen selbst herstellen. Autotrophe Pflanzen sind vor allem die grünen Pflanzen, die Chlorophyll besitzen und daher zur Photosynthese befähigt sind, wodurch sie aus anorganischen Salzen, Wasser und Kohlendioxyd unter Aufnahme von Lichtenergie die organischen Stoffe herstellen.

II. Heterotrophe Pflanzen; dies sind meist nichtgrüne Pflanzen, die ihre organischen Bedarfsstoffe nicht selbst herstellen, sondern sie von anderen Lebewesen entnehmen. Man unterscheidet:

1. **Saprophyten**, die von der organischen Substanz toter Lebewesen Pflanzen oder Tiere) leben; dies sind vor allem Bakterien und Pilze. Saprophyten sind farblos.

2. **Parasiten** oder Schmarotzerpflanzen, die von dem Stoffwechsel eines anderen Lebewesens, Pflanze oder Tier, das der Wirt genannt wird, zu dessen Schaden leben; man unterscheidet:

    a. Vollparasiten (°Holoparasiten), die vollständig die organischen Nahrungsstoffe von anderen Lebewesen beziehen. Vollparasiten sind ebenfalls farblos. Man unterscheidet:

      a. obligate Parasiten, die nur als Parasiten leben, z. B. die bakteriellen Erreger der Diphtherie.

      b. fakultative Parasiten, die gewöhnlich saprophitisch im Wasser oder in der Erde leben und nur bei günstiger Gelegenheit zum Parasitismus übergehen, z. B. die bakteriellen Erreger des Wundstarrkrampfes, der Cholera, des Typhus.

    b. Halbparasiten (°Hemiparasiten), dies sind grüne Pflanzen, die also Chlorophyll besitzen und daher zur Photosynthese befähigt sind, ihre Nährsalze aber nicht dem Boden entnehmen, sondern anderen Pflanzen entziehen z. B. die Mistel.

3. **Symbionten**, dies sind zwei artverschiedene Pflanzen oder Lebewesen, die in Stoffwechselgemeinschaft leben, wo jede Pflanze von der anderen Nahrungsstoffe erhält, also wo beide wechselseitig Nutzen voneinander haben, z. B. Grünalgen und Pilze in den Flechten.

2. Kapitel

Die Pflanzenzelle und ihre Teile

Die Zelle ist die Grundeinheit eines jeden Lebewesens, sei es pflanzlichen oder tierischen.

Die Zelle ist 1667 von dem Engländer Hooke (sprich: huhk!) mit dem Mikroskop entdeckt worden, und zwar zuerst an einem Flaschenkork, dann am Holundermark.

Form der Pflanzenzellen sehr verschieden: Kugel, Würfel, Polyeder, Prismen, auch langgestreckte, faserförmige Form.

Größe der Pflanzenzellen: Gewöhnlich etwa 0,01 bis 0,1 mm. Es gibt aber auch bedeutend kleinere und größere; die größten Zellen, die langgestreckten Faserzellen, haben eine Länge bis 20 cm.

Arten der Pflanzenzellen

A. 1. **Lebende Zellen** mit lebendem Zelleninhalt.

    1. **Embryonale Zellen**, das sind jugendliche, noch nicht ausgewachsene und ausdifferenzierte Zellen.

    2. **Dauerzellen**, das sind ausgewachsene und ausdifferenzierte Zellen, die aus embryonalen Zellen entstanden sind.

2. **Tote Zellen**, aus lebenden Zellen entstanden, ohne lebenden Zellinhalt, nur Wasser oder Luft als Inhalt.

B. 1. **Einzellzellen**: Einzellige Pflanzen, Sporenzellen, Geschlechtszellen.

2. **Somatische Zellen** (Gewebszellen), das sind Zellen in einem Zellverbande (Gewebe), also die Zellen einer höheren Pflanze. Nach den verschiedenen Gewebearten unterscheidet man: Parenchym-, Prosenchym-, Sklerenchym-, Kollenchymzellen (siehe Genaueres später!).

Die lebende Pflanzenzelle besteht aus:

I. **Zellwand (Zellmembran)**, eine tote Substanz; Ausnahmen: Die Schwärmsporen, Geschlechtszellen, Euglenapflanzen und Myxomyceten haben keine Zellmembran.

II. **Zelleib**, auch **Protoplast** genannt; dieser enthält:

1. Lebende Bestandteile:
   a. Zytoplasma (Plasma) mit Mikrosomen und Mitochondrien,
   b. Zellkern,
   c. Plastiden:
      α. Chloroplasten, grün durch Chlorophyll,
      β. Chromoplasten, gelb oder rot durch Karotinoide und Xanthophylle,
      γ. Leukoplasten, farblos.

   Ausnahmen: Die Zellen der Pilze und Bakterien – beide heterotrophe Pflanzen (!) – haben keine Plastiden, und die Zellen der Bakterien haben noch keinen deutlich geformten Kern.

2. Tote Bestandteile:
   a. Zellsaft (Vakuolen).   b. feste Zelleinschlüsse.

I. Die Zellwand

Die Pflanzenzelle ist im Gegensatz zur tierischen Zelle von einer festen Hülle umgeben, die Zellwand oder Zellmembran genannt wird. Nur die Schwärmsporen, die Geschlechtszellen (Gameten, Spermatozoiden, Eizellen), die Geißelpflanzen (Flagellaten) und die Myxomyceten sind nackt und haben keine feste Zellmembran. Die Zellmembran ist ein totes Gebilde und besteht bei der überwiegenden Mehrzahl der Pflanzen aus Zellulose und Hemizellulose. Die Zellulose $[(C_6H_{10}O_5)n]$ ist ein Polysaccharid (Kohlehydrat), das aus einer großen Zahl (etwa 2000) von Glukosemolekülen $(C_6H_{12}O_6)$ unter Abspaltung von Wasser (H_2O) zusammengesetzt ist und unter Wasseraufnahme wiederum in diese gespalten werden kann. Ein einzelnes Zellulosemolekül bildet, da die Glukusemolekülreste hintereinander wie Perlen an einer Kette angeordnet sind, eine langgestreckte Kette (Fig. 1a, S. 9). Die Zellulose ist in Wasser unlöslich, aber löslich in Schweizers Reagenz, das ist eine ammoniakalische Kupfer(2)oxydlösung.

Nachweis der Zellulose

1. **Chlorozink Jodlösung** gibt mit Zellulose eine violette Färbung.
2. **Schweizers Reagenz** (Kupfer(2)oxyd, Ammoniak, Wasser) bringt die Zellulose zur Lösung.

Bei den Pilzen besteht die Zellmembran aus Chitin, einem stickstoffhaltigen Kohlehydrat, woraus auch das Außenskelett der Insekten besteht. Zellulose ist also die Hauptstützsubstanz der Pflanzenwelt und daher in der Pflanzenwelt weit verbreitet. In dem Tierreich kommt die Zellulose nur in den Mänteln der Tunikaten vor.

Feinstruktur der Zellulose und der Zellmembran

In der pflanzlichen Zellmembran liegen die kettenförmigen Zellulosemoleküle zunächst zu mehreren parallel gerichtet zusammen und bilden dadurch einzelne Bündel, die Micellen heißen (Fig. 1b). Ein **Zellulose-Micell** [1]) ist also ein Bündel gleichgerichteter Zellulosemoleküle. Die Micellen sind sodann netzartig, indem sie einander versetzt sind, zu submikroskopisch feinen Fäserchen, den sogenannten **Mikrofibrillen** angeordnet (Fig. 1b). In diesen Mikrofibrillen sind die Zwischenräume zwischen den einzelnen Micellen, die Intermicellarräume, mit Wasser angefüllt und können bei weiterer Wasserzufuhr weiter Wasser aufnehmen, wodurch die Quellung der Zellulose erfolgt. Die Mikrofibrillen bilden schließlich die „Zellmembran", wobei verschiedene Anordnungen möglich sind. In der Primärwand der jungen Zelle liegen sie unregelmäßig

---

1) Früher sagte man die Micelle, heute aber das Micell.

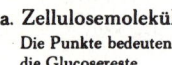
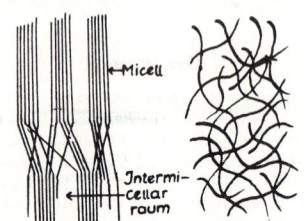
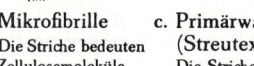

a. Zellulosemolekül	b. Mikrofibrille	c. Primärwand	d. Sekundärwand
Die Punkte bedeuten die Glucosereste	Die Striche bedeuten Zellulosemoleküle	(Streutextur) Die Striche bedeuten die Mikrofibrillen aus Micellen.	(Paralleltextur)

Fig. 1. Feinstruktur der Zellulose und der Zellmembran

kreuz und quer durcheinander und bilden dadurch ein Fasergeflecht („Streutextur" Fig. 1c). In der Sekundärwand der älteren Zellen sind die Mikrofibrillen ihrerseits zu einzelnen Bündeln zusammengefaßt, und diese Bündel liegen fast parallel zueinander („Paralleltextur", Fig. 1d). Die Feinstruktur der Zellulosemembran ist mit Hilfe des Elektronenmikroskopes ermittelt worden.

*Die Zellwand ist ein totes Ausscheidungsprodukt des lebenden Protoplasmas. Sie kann durch weitere Zelluloseausscheidung des Plasmas zunehmen. Dies geschieht, indem die Zellwand gedehnt wird und neue Zellulosemoleküle dazwischen geschoben werden (Intussuszeptionswachstum), oder durch Anlagerung der Zellulose in Form neuer Membranlamellen (Appositionswachstum).

Die nur aus reiner Zellulose bestehende Zellmembran ist nicht halbdurchlässig (semipermeabel), sondern ganz durchlässig (omnipermeabel), d. h. sie läßt von einer wässerigen Lösung sowohl das Wasser als auch die Moleküle des gelösten Stoffes hindurch; sie kann daher nicht Osmose bewirken. Die Zellulosemembran ist aber elastisch dehnbar und befindet sich bei turgeszenten Zellen, das sind prall mit Wasser gefüllten Zellen, im Zustand elastischer Dehnung und Spannung.

Sekundäre Veränderung der Zellwand

Nicht in allen Zellen, sondern nur in den Zellen von Stütz- und Schutzgeweben erfolgt eine sekundäre Veränderung der Zellulosemembran durch Einlagerung von anderen Stoffen, z. B. von Lignin. Die Einlagerung erfolgt so, daß die Intermicellarräume mit dem betreffenden Stoff ausgefüllt werden. Merke:

1. Verholzung der Zellwand: Diese erfolgt durch Einlagerung von Lignin (Holzstoff), wodurch die Zellwand fester wird.

   Lignin ist wasserunlöslich, löslich in Kaliumbisulfitlösung. Nachweis des Lignins: 1. Phlorogl+uzin in alkoholischer Lösung mit konzentrierter Salzsäure gibt mit Lignin kirschrote Farbe (Vorlesungsversuch mit dem stark holzhaltigen Zeitungspapier). 2. Chlorzink-Jodlösung gibt mit Lignin gelbbraune Färbung.

2. Verkorkung der Zellwand: Diese erfolgt durch Einlagerung von Korkstoff (*Suberin), wodurch die Zellwand wasserundurchlässig wird (Schutz gegen Wasserverdunstung).

3. Kutinisierung der Zellwand: Diese geschieht bei den Zellen der Epidermis und erfolgt durch Einlagerung von Kutin (ebenfalls Schutz gegen Wasserverdunstung).

4. Verkieselung der Zellwand: Diese erfolgt nur bei einigen Pflanzen, z. B. bei Schachtelhalmen, Gräsern, Kieselalgen, und besteht in einer Einlagerung von Kieselsäure.

II. Der Zelleib (Protoplast)

Der Zellinhalt heißt der Zelleib, auch **Protoplast** oder Zytoplast genannt, und besteht aus dem Plasma (Zyto- oder Protoplasma) mit dem Zellkern, den Plastiden und den Mitochondrien und den Mikrosomen. Plasma, Zellkern und Plastiden sind die lebenden Bestandteile der Zelle; sie können nie aus toter Substanz, sondern nur aus ihresgleichen durch Teilung hervorgehen. Außerdem enthält der Zytoplast noch tote Bestandteile, den Zellsaft (Vakuolen) und feste Einschlüsse.

1. Das Plasma

Das **Plasma**, auch **Zyto- oder Protoplasma** genannt, ist eine farblose hyaline (d. h. glasklare), zähe Flüssigkeit, vollkommen durchsichtig, daher nicht erkennbar. Es ist nur erkennbar durch die kleinen im Plasma eingeschlossenen Mitochondrien und Mikrosomen. Mitochondrien und Mikrosomen sind kleine Körperchen von kolloidaler Größe, sie zeigen daher das Tyndall-Phänomen (s. Physik!), können daher mit dem Ultramikroskop wahrgenommen und somit die Plasmabewegung, die sie mitmachen, festgestellt werden. Mitochondrien und Mikrosomen zeigen außer der Plasmabewegung auch die Brownsche Bewegung. In toten Zellen tritt Koagulation des Plasmas ein und die Brownsche Bewegung hört auf. Daher ist die Brownsche Bewegung der Mitochondrien und Mikrosomen ein Kennzeichen einer lebenden Pflanzenzelle.

Die chemische Zusammensetzung des Plasmas ist folgende:

Wasser: etwa 80 %,   Trockensubstanz: etwa 20 %.

Die Trockensubstanz des Plasmas setzt sich zusammen aus:
1. Eiweißstoffen (Proteinen) etwa * 67 %,
2. Lipoiden (Fetten, Phosphatiden, Sterinen) etwa * 25 %,
3. Anorganischen Bestandteilen (Salzen) etwa * 8 %.

Eiweiß ist eine organische Stickstoffverbindung, die also außer Kohlenstoff, Wasserstoff, Sauerstoff vor allem Stickstoff enthält. Jegliches Eiweiß setzt sich aus einer sehr großen Zahl von Aminosäuren zusammen. Die Aminosäuren sind organische Säuren mit der Aminogruppe $(-NH_2)$. In dem Eiweiß sind die einzelnen Aminosäuremoleküle wiederum unter Wasserabspaltung kettenartig miteinander verbunden. Ein einzelnes Eiweißmolekül hat die Form eines langgestreckten Fadens, einer Spirale oder eines Gerüstes.

Das Plasma kann als eine kolloidale Eiweißlösung mit Lipoiden und Salzen angesehen werden und ist infolge der langen, fadenförmigen Eiweißmoleküle, die sich dauernd berühren, aneinander haften und sich wieder voneinander trennen, sehr zähflüssig und fadenziehend. Das Eiweiß ist darin gut wasserlöslich (*hydrophil), die Lipoide aber sehr schwer wasserlöslich (*hydrophob).

Das lebende Plasma hat also einen ziemlich großen Wassergehalt, der für die Lebensfähigkeit des Plasmas unerläßlich ist. Daher sterben die Pflanzenzellen ab, wenn ihr Wassergehalt durch Austrocknen zu gering wird. Eine Ausnahme machen nur die Embryopflänzchen der Samen, manche Flechten und die Sporen der Bakterien; diese können, ohne ihre Lebensfähigkeit zu verlieren, fast vollständig austrocknen, wobei allerdings ihre Lebensfunktionen auf ein Mindestmaß eingeschränkt werden (sogenannte Trockenstarre).

Bei jugendlichen Zellen (Embryonal- oder Meristemzellen) ist der ganze Zelleib nur vom Plasma ausgefüllt, in dem sich der Kern und die Plastiden befinden (Fig. 2 a). Bei älteren und größeren Zellen befinden sich innerhalb des Plasmas ein oder mehrere optisch leere Räume, die Vakuolen heißen und die mit Zellsaft, einer wässerigen Lösung

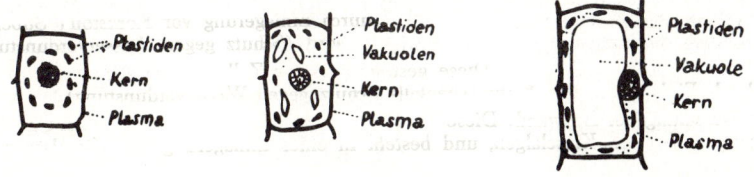

a. jugendliche Zelle   b. ältere Zelle mit Vakuolen   c. ausgewachsene und ausdifferenzierte Zelle

Fig. 2. Pflanzenzelle

von Salzen und organischen Verbindungen, angefüllt sind. (Fig. 2 b). Bei ganz ausgewachsenen Zellen ist meist nur eine einzige große Vakuole vorhanden, indem die einzelnen Vakuolen zusammengeflossen sind (Fig. 2 c). Das ganze Plasma bildet dann nur noch einen dünnen Belag an der Innenseite der Zellwand. Kern und Plastiden befinden sich stets im Plasma, die Vakuole, die häufig von Plasmafäden durchzogen ist, berührt nie die Zellwand (!).

Da die im Plasma befindlichen Lipoide wasserunlöslich sind, haben sie das Bestreben, aus dem Plasma herauszutreten, und bilden so an der Oberfläche des Plasmas eine sehr dünne Filmschicht, die sogenannte **Plasmahaut**. Diese also aus Lipoiden bestehende Plasmahaut grenzt das Plasma nach außen gegen die Zellwand, nach innen gegen den Zellsaft (Vakuole) hin ab. Die äußere Plasmahaut (gegen die Zellwand) heißt das **Plasmalemma**, die innere Plasmahaut (gegen den Zellsaft) heißt der **Tonoplast**.

Die Plasmahaut ist im Gegensatz zur Zellmembran semipermeabel (halbdurchlässig), d. h. sie läßt von einer wässerigen Lösung nur die kleineren Wassermoleküle, aber nicht die größeren Moleküle des gelösten Stoffes hindurch (Beweis durch die Plasmolyse), und die Zelle, genauer gesagt der Zytoplast, bekommt dadurch osmotische Eigenschaft (siehe später in der Physiologie!). Die Plasmahaut aber ist, was für den Stoffwechel der Zelle wichtig ist, nicht vollständig semipermeabel, sondern läßt auch die Moleküle von Salzen hindurch, allerdings bedeutend schwerer und langsamer als die Wassermoleküle.

Das Plasma zeigt in manchen Zellen eine strömende Bewegung, und zwar entweder eine Rotation, wenn die Bewegung kreisförmig in der Zelle nur in einer Richtung geschieht, oder eine Zirkulation, wenn sie in verschiedenen Richtungen erfolgt, wobei Zellkern und Plastiden diese Plasmabewegung mitmachen. Diese Plasmabewegung ist ebenfalls ein Zeichen einer lebenden Zelle.

2. Der Zellkern

Der **Zellkern** (Nukleus) ist ein rundliches, kugel- oder linsenförmiges, ebenfalls farbloses Gebilde; er ist nicht fest, sondern zähflüssig oder gallertig, daher deformierbar. Im gewöhnlichen Zustand (als Ruhekern) besteht der Kern aus einem Gerüst aus Chromatin, dem Kernsaft und einem oder mehreren kleinen Körperchen, den Nukleolen, und ist gegen das Plasma durch eine dünne Haut, die Kernwand, abgegrenzt. Kernsaft und Nukleolen sind ebenfalls zähflüssige Eiweißstoffe. Das Chromatin ist leicht durch gewisse Farbstoffe anfärbbar (daher der Name: von Chroma die Farbe!) und besteht aus Nukleoproteiden (Kerneiweiß).

*Nukleoproteide sind zusammengesetzte Eiweißstoffe, sogenannte Proteide, die aus einfachem Eiweiß und der nichteiweißartigen prosthetischen Gruppe bestehen. Bei den Nukleoproteiden sind die prosthetischen Gruppen Nukleinsäuren; diese setzen sich aus Phosphorsäure, Pentose und Purin- oder Pyrimidinbasen zusammen.

Der Kern ist die zentrale Stelle, von der aus die Zellfunktionen reguliert werden; er ist außerdem der wesentliche Träger der Erbanlagen. Ohne Kern ist das Plasma nicht lebensfähig und stirbt ab.

Normal hat eine Zelle nur einen einzigen Kern. Es gibt aber auch Zellen, nämlich bei Algen und Pilzen, die mehrere Kerne haben; im allgemeinen sind solche mehrkernigen Zellen durch Verschmelzung von einkernigen Zellen entstanden. Merke: Kernlos sind die Zellen der Blaualgen und der Bakterien. Ebenfalls kernlos sind die roten Blutkörperchen der Säugetiere, die daher auch nicht die Fähigkeit der Teilung besitzen.

3. Die Plastiden

Die **Plastiden**: 1. Chloroplasten, grün,
2. Chromoplasten, gelb oder rot, } Chromatophoren
3. Leukoplasten, farblos

sind ebenfalls lebende Zellbestandteile von ähnlicher chemischer Zusammensetzung wie das Plasma, nur ist der Lipoidgehalt größer. In jugendlichen Zellen sind die Plastiden noch alle farblos, später entwickeln sich aus ihnen die farbigen Chromatophoren: die Chloroplasten und die Chromoplasten. Die Zellen der niederen Pflanzen enthalten noch keine Plastiden, bei den Blaualgen ist der Farbstoff Chlorophyll noch im Plasma verteilt.

Die Chloroplasten

Chloroplasten sind grün durch das grüne Chlorophyll. Sie enthalten stets zwei Arten von fettlöslichen Farbstoffen (sogenannten Lipochromen):

1. Chlorophyll a und Chlorophyll b, beide grün,
2. Karotinoide, z. B. orangerotes Karotin, gelbes Xantophyll.

Bei den niederen Pflanzen (Algen) haben die Chloroplasten die verschiedensten Formen (Becher-, Spiral-, Bandform). Bei den höheren Pflanzen sind die Chloroplasten stets ei- oder linsenförmig und heißen dann **Chlorophyllkörner.**

*Feinbau der Chlorophyllkörner (*durch Elektronenmikroskop festgestellt): Das Chlorophyllkorn besteht aus einer farblosen Grundsubstanz (Stroma), in der lamellenartig zahlreiche sehr kleine, scheibenförmige Gebilde angeordnet sind, die Grana heißen. In diesen Grana ist der Farbstoff, besonders das Chlorophyll, enthalten.

Die Chloroplasten sind die wichtigsten Plastiden. Sie sind die Organellen (d. h. kleine Organe) der Photosynthese; in ihnen entsteht aus Wasser und Kohlendioxyd unter Aufnahme von Strahlungsenergie die Stärke (Assimilationsstärke, wobei das Chlorophyll als Sensibilisator wirkt.

Die Chloroplasten können durch Lichteinwirkung innerhalb des Plasmas freie Ortsbewegungen ausführen. Bei schwachem Lichteinfall sammeln sie sich an den quer zum Lichteinfall stehenden Wandflächen und wobei sie ihre breite Fläche dem Lichteinfall zukehren. Bei starkem Lichteinfall wandern sie an die parallel zum Lichteinfall stehenden Wandflächen hin und kehren dem Lichteinfall ihre kleinere Fläche zu (sogenannte Phototaxis; siehe später auch Reizphysiologie!).

Die Chloroplasten kommen in allen grünen, dem Licht ausgesetzten Pflanzenteilen vor, so besonders in den grünen Blättern, aber nicht in den Wurzeln, in der Epidermis und im Stamm der Bäume. Im Herbst zerfallen die Chloroplasten und mit ihnen das Chlorophyll, nicht aber die gelben Karotinoide, wodurch die Blätter gelb werden.

Die Chromoplasten

Die Chromoplasten enthalten als Farbstoffe die gelben oder roten Karotinoide und sind daher gelb oder rot gefärbt. Sie bewirken die gelbe und rote Farbe von Blüten, Früchten (z. B. Tomate, Hagebutte) und der Mohrrübe.

Die Leukoplasten

Die Leukoplasten enthalten keine Farbstoffe und sind daher farblos. Ihre wichtigste Funktion ist die Bildung der Reservestärke aus Traubenzucker, der aus der Assimilationsstärke entsteht. Die Leukoplasten kommen daher besonders in allen Speicherorganen, wie z. B. Kartoffel, vor.

Die Plastiden können ineinander übergehen, so die farblosen Leukoplasten in grüne Chloroplasten. Darauf beruht das Grünwerden der Kartoffeln am Tageslicht. Wenn grüne Früchte, wie z. B. die grüne Tomate bei der Reife, rot werden, so verwandeln sich die grünen Chloroplasten zu roten Chromoplasten. Plastiden kommen nur in Pflanzenzellen vor, tierische Zellen haben keine Plastiden.

Die Mitochondrien und Mikrosomen

Mitochondrien und Mikrosomen sind kleine Körperchen von submikroskopischer Größe. Die Mitochondrien, auch Chondriosomen genannt, sind meist von länglicher Gestalt, besitzen eine semipermeable Haut und sind im Innern durch Lamellen Septen unterteilt. Sie enthalten die wichtigsten Fermente des Zucker- und Fettabbaues und der Aminosäuresynthese. Sie sind daher unentbehrliche Bestandteile der lebenden Zelle, auch können sie nur durch Teilung aus ihresgleichen entstehen. Der Feinbau der Mitochondrien ist ebenfalls mit dem Elektronenmikroskop ermittelt worden.

Die Mikrosomen sind kleiner als die Mitochondrien und stets von rundlicher Gestalt und werden daher heute auch Sphärosomen genannt. Ferner sind sie stark fetthaltig und stärker lichtbrechend als das Plasma.

Mitochondrien und Mikrosomen werden heute auch unter dem gemeinsamen Namen Biosomen zusammengefaßt.

Plasma, Kern, Plastiden, Mitochondrien und Mikrosomen sind lebende Gebilde und können daher nur aus ihresgleichen durch Teilung hervorgehen, also Plasma nur aus Plasma, Kern nur aus Kern, nie aus toter Substanz. Kern, Plastiden, Mitochondrien und Mikrosomen befinden sich stets im Plasma, nie in den Vakuolen Zellsaft. Da Plasma, Kern und Plastiden im wesentlichen aus Eiweiß bestehen, so werden sie und somit auch jede Zelle durch alle Vorgänge abgetötet, die das Eiweiß zur Ausfällung oder Koagulation bringen, nämlich durch Erhitzen über 50° Celsius, durch Alkohol, durch Schwermetallsalze u. a. m.

III. Die toten Zellbestandteile
1. Die Vakuolen

Die Vakuolen sind optisch leere, d. h. völlig durchsichtige Räume im Zytoplasma, aber nicht stofflich leer, sondern mit Zellsaft gefüllt. Der Zellsaft ist eine wässerige Lösung von anorganischen Salzen Nitraten, Sulfaten, Phosphaten , organischen Säuren und Zuckern. In manchen Zellen enthält der Zellsaft wasserlösliche Farbstoffe, besonders die Anthocyane, die in saurer Lösung rot, in alkalischer Lösung blau sind, so in manchen Blüten, Blättern, Früchten, z. B. im Rotkohl.

*Entstehung der Vakuolen: Junge Zellen haben noch keine Vakuolen. Sie entstehen erst beim Wachsen der Zelle infolge Wasseraufnahme, wodurch der Wassergehalt des Plasmas zu groß wird und infolgedessen eine Entmischung eintritt und freier Zellsaft sich bildet (Vakuolisierung).

2. Die Zelleinschlüsse

Sowohl das Plasma als auch die Plastiden Chloroplasten, Chromoplasten, Leukoplasten) und der Zellsaft Vakuolen, können tote Einschlüsse haben. Die wichtigsten Zelleinschlüsse sind:

a) Eiweißkörner

Eiweißkörner, vom Plasma abgeschieden, befinden sich in den Vakuolen der Zellen von Speicherorganen, besonders von Samen. Die äußere Zellschicht des Endosperms von Getreidesamen, die sogenannte Aleuron- oder Kleberschicht, ist reich an solchen Eiweißkörperchen, den Aleuronkörnchen. Großen Eiweißgehalt haben auch die Zellen der Hülsenfrüchte (Erbse, Bohne).

b) Fettablagerung

Fett wird ebenfalls vom Plasma entweder als Öltröpfchen oder als weiche Fettmasse in Samenzellen abgelagert, in besonders großer Menge in Ölsamen (Raps, Flachs, Hanf, Mohn u. a.).

c) Stärkekörner

Die Stärke wird in kleinen Körnern abgeschieden, aber nicht vom Plasma, sondern von den Chloroplasten und Leukoplasten (!).

Die Stärkekörner in den Chloroplasten der assimilierenden Zellen sind nur klein. Es ist Assimilationsstärke, die durch die Photosynthese entstanden ist, also nur während der Belichtung (!). Diese Stärkekörner in den Chloroplasten werden aber bald wieder zu Zucker abgebaut und dieser den anderen Organen, besonders den Speicherorganen, zugeführt.

Die Stärkekörner in den Leukoplasten sind von den Leukoplasten aus Zucker aufgebaut und als Reservestoff (Reservestärke) abgelagert. Die Bildung der Reservestärke erfolgt ohne Licht, also auch im Dunkeln (!). Diese Stärkekörner der Reservestärke sind ziemlich groß und meistens aus einzelnen Schichten zusammengesetzt. Diese Schichten entstehen dadurch, daß im Leukoplast zunächst ein Bildungszentrum entsteht und um dieses Bildungszentrum weitere Stärke schichtweise angelagert wird. Die

Schichtung ist zentrisch, wenn das Bildungszentrum in der Mitte – exzentrisch, wenn es am Rande liegt (Fig. 3a und b). Die Stärkekörner haben bei den verschiedenen Pflanzen verschiedene Größe und verschiedene Form, die für die Pflanzen charakteristisch ist. Die Stärkekörner der Kartoffel sind elliptisch, exzentrisch, die des Weizens rund oder länglich, zentrisch, die des Hafers rund und aus kleinen Körnchen zusammengesetzt, die der Bohne oval und gespalten (Fig. 3).

a. Kartoffel   b. Weizen   c. Hafer   d. Bohne

Fig. 3. Stärkekörner

Reservestärke befindet sich in allen Samen und Speicherorganen (Rübe, Knolle, wie z. B. Kartoffel, Zwiebel).

Nachweis der Stärke: Stärke wird durch Jod blau gefärbt.

d) Kalziumoxalatkristalle

Kalziumoxalatkristalle, vom Plasma ausgeschieden, befinden sich bei manchen Pflanzen im Plasma oder im Zellsaft, als Einzelkristalle, als Kristalldrusen (mehrere miteinander verwachsene Kristalle) oder als Raphidenbündel (aus einzelnen Kristallnadeln bestehend) oder als Sand (Fig. 4). Die Kalziumoxalatkristalle sind vielleicht ein Schutz gegen Tierfraß oder ein normales Stoffwechselprodukt der Pflanze, da die Oxalsäure ein Zellgift ist und als unlösliches Kalziumoxalat ausgeschieden wird (Entgiftung).

a. Kristalldruse   b. Raphidenbündel

Fig. 4. Kalziumoxalatkristalle

Unterschied zwischen Tier- und Pflanzenzelle (!)

Die tierischen Zellen bestehen aus Plasma mit der semipermeablen Plasmahaut und enthalten nur Zellkern und Zentrosom. Sie unterscheiden sich also von den Pflanzenzellen dadurch, daß sie keine Zellwand, keine Plastiden und keine Vakuolen, wohl aber ein Zentrosom haben. Weil die tierische Zelle keine Zellwand hat, so zeigt sie in einer hypertonischen Lösung keine Plasmolyse, sondern nur eine Schrumpfung (Genaueres später!).

3. Kapitel

Die Zellteilungen

Das Wachstum und die Fortpflanzung der Pflanzen erfolgen durch Vermehrung der Zellen, und diese geschieht stets durch Zellteilung, die in einer Teilung des Kerns, der Plastiden und des Plasmas besteht, wobei sich aus einer Mutterzelle zwei Tochterzellen bilden. Kern, Plastiden, Mitochondrien, Mikrosomen und Plasma entstehen immer nur aus ihresgleichen durch Teilung ! . Jede normale Zellteilung beginnt mit der Teilung des Kerns, anschließend folgt die Teilung des Plasmas und der ganzen Zelle.

Der **Ruhekern**, das ist der nicht in Teilung befindliche Kern (S. 12 beschrieben), besteht aus Kernmembran, Kerngerüst (Chromatin), einem oder mehreren Kernkörperchen (Nukleolen) und Kernsaft (Fig. 5a).

Merke die beiden wichtigsten indirekten Zellteilungen:

1. Äquationsteilung oder Mitose

Äquationsteilung, auch Mitose[1]) oder Karyokinese genannt, erfolgt in folgenden vier Phasen:

1. **Prophase**: Aus dem Chromatin entwickeln sich fadenförmige Gebilde, die **Kernschleifen** oder **Chromosomen** genannt werden (Fig. 5 b).

2. **Metaphase**: Die Chromosomen ordnen sich alle in einer Ebene an, die die Aequatorialebene oder Zellplatte heißt, und teilen sich in ihrer Längsrichtung in zwei gleiche Teile, die Tochterchromosomen. Gleichzeitig haben sich zu beiden Seiten der Aequatorialplatte die beiden Pole ausgebildet, von denen Strahlen (feine Fasern) ausgehen. Diese Strahlen laufen in den Kern hinein bis zu den Chromosomen und zum Teil durch den Kern hindurch zum anderen Pol hin. Es ist dadurch ein spindelförmiges Gebilde entstanden, das Pol- oder Kernspindel heißt. Kernmembran und Nukleolen haben sich aufgelöst und sind verschwunden (Fig. 5 c).

3. **Anaphase**: Die entstandenen Tochterchromosomen werden durch die an ihnen haftenden Spindelfasern auseinandergezogen und rücken an die Pole, so daß die Tochterchromosomen gleichmäßig auf die beiden Pole verteilt sind (Fig. 5 d).

4. **Telophase**: Die Chromosomen lösen sich an den beiden Polen wieder zu dem Chromatingerüst auf, umgeben sich mit einer Kernmembran, und es erscheinen auch wieder die Nukleolen. Es haben sich zwei neue Ruhekerne gebildet Fig. 5 e.

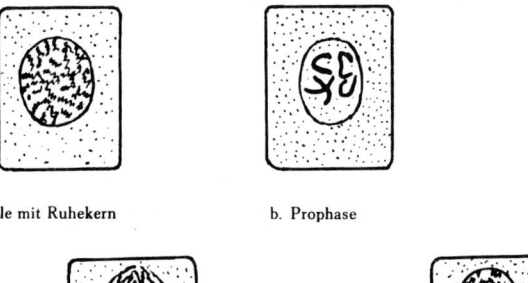

a. Zelle mit Ruhekern   b. Prophase   c. Metaphase

 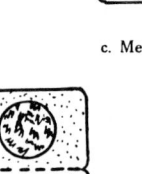

d. Anaphase   e. Telophase

Fig. 5. Äquationsteilung (Mitose)

Nach erfolgter Kernteilung wird auch das Plasma durch Ausbildung einer neuen Zellwand in der Aequatorialebene in zwei Hälften geteilt. Die Ausbildung erfolgt entweder simultan, d. h. in dem ganzen Querschnitt gleichzeitig, oder succedan, d. h. allmählich fortschreitend.

Bei der simultanen Wandbildung (Fig. 5) treten schon in der Telophase an den Spindelfasern Knötchen in der Aequatorialebene auf. Diese verdicken sich und fließen zu einer die ganze Aequatorialebene ausfüllenden Platte aus Pektin zusammen. An diese Pektinschicht wird nun vom Plasma auf beiden Seiten eine Zellulosemembran angelegt, sodaß also die Zellwand aus zwei Zellulosemembranen und einer dazwischen liegenden Pektinschicht, der sogenannten **Mittellamelle**, besteht. In der neuen Wand sind aber kleine Öffnungen freigelassen, durch die dünne Plasmafäden, sogenannte **Plasmodesmen**, hindurchgehen und so eine Verbindung

---

1) Mitose, so genannt, weil dabei fadenförmige Gebilde, die Chromosomen, entstehen (vom griechischen mitos, der Faden).

(Reiz- und Stoffleitung) zwischen dem Plasma der beiden Zellen herstellen. Bei der succedanen Wandbildung erfolgt die Anlegung der neuen Zellwand allmählich, und zwar entweder von der Mitte ausgehend (zentrifugal) oder vom Rande her (zentripetal). Die succedane Wandbildung ist seltener und erfolgt nur in den Zellen mit größerem Querschnitt oder mit Safträumen.

Mit der Teilung des Kerns und des Plasmas erfolgt auch eine Teilung der Plastiden durch eine einfache Einschnürung.

Die Chromosomen

Die **Chromosomen**, auch K e r n s c h l e i f e n oder K e r n f ä d e n genannt, sind die Träger der Erbanlagen (Gene), die hintereinander wie Perlen an einer Kette in den Chromosomen angeordnet sind.

Die Chromosomen bestehen aus zwei miteinander spiralig verwickelten Fäden, die **Chromonemen** (Einzahl: Chromonema) heißen und die beide von einer gemeinsamen Scheide, **Matrix** genannt, umhüllt sind. In diesen Chromonemen sind kleine Körnchen, die sogen. **Chromomeren**, von bestimmter Zahl und Größe eingebettet. Die C h r o m o m e r e n s i n d d i e e i g e n t l i c h e n T r ä g e r d e r E r b a n l a g e n (G e n e). Die bei der Äquationsteilung erfolgende Längsteilung der Chromosomen besteht in einer Trennung der Chromonemen voneinander; die hierbei schon frühzeitig erkennbaren Hälften eines Chromosoms nennt man die **Chromatiden.**

Die einzelnen Chromosomen eines Kernes haben im allgemeinen verschiedene Form und Größe, und die Zahl der Chromosomen ist bei den verschiedenen Pflanzenarten verschieden groß (von einigen wenigen bis Hunderte). Doch gilt von den Chromosomen:

1. Das Gesetz von der Zahlenkonstanz der Chromosomen

D i e Z a h l d e r C h r o m o s o m e n i s t i n s ä m t l i c h e n Z e l l e n e i n e r P f l a n z e g l e i c h u n d k o n s t a n t ; *z. B. b e i m W e i z e n 4 2 , b e i d e r L i l i e 2 4 .

Ausnahme: die Geschlechtszellen und die Polyploidie; siehe Seite 18/19!

2. Das Gesetz von der Chromosomenindividualität

D i e e i n z e l n e n C h r o m o s o m e n e i n e r P f l a n z e n a r t h a b e n e i n e b e s t i m m t e , u n v e r ä n d e r l i c h e G e s t a l t. Bei der Äquationsteilung entstehen durch die L ä n g s t e i l u n g (!) aus dem Mutterchromosom zwei untereinander und dem Mutterchromosom gleiche Tochterchromosomen.

Diese beiden Gesetze gelten auch für die tierischen Zellen, so hat z. B. der Mensch 46 Chromosomen in jeder Körperzelle, jedes Chromosom von bestimmter Gestalt.

Die Gesamtheit aller Chromosomen eines Kernes heißt der **Chromosomensatz.** In dem Chromosomensatz der somatischen Zelle einer höheren Pflanze treten nun immer je zwei gleiche, sogenannte homologe Chromosomen, auf und bilden die **Chromosomenpaare.** Von diesen beiden homologen Chromosomen ist das eine das väterliche, das andere das mütterliche Erbgut. Wenn daher n die Zahl der voneinander verschiedenen Chromosomen, also die Zahl der Chromosomenpaare eines Kernes ist, so ist die Gesamtzahl der Chromosomen des Kernes 2 n; ein solcher Chromosomensatz heißt **diploider Chromosomensatz** (2 n).

Bei geschlechtlicher Fortpflanzung sowohl der Pflanze als auch der Tiere erfolgt eine Verschmelzung zweier Geschlechtszellen, der männlichen (♂) und der weiblichen (♀), welcher Vorgang **Befruchtung oder Kopulation** heißt. H i e r b e i v e r s c h m e l z e n d i e K e r n e , a b e r n i c h t d i e C h r o m o s o m e n , s o d a ß d e r K e r n d e r n e u e n d u r c h d i e B e f r u c h t u n g e n t s t a n d e n e n Z e l l e d i e d o p p e l t e C h r o m o s o m e n z a h l w i e d i e e i n z e l n e n G e s c h l e c h t s z e l l e n h a t. Damit nun durch weitere geschlechtliche Fortpflanzung die Chromosomenzahl sich weiterhin bis ins Unendliche verdoppelt, tritt vor der Verschmelzung zweier Geschlechtszellen, also vor der Befruchtung, eine Verminderung (Reduktion) der Chromosomenzahl auf die Hälfte ein. Dies geschieht durch:

II. Reduktionsteilung oder Meiose

Bei der **Reduktionsteilung**, auch **Meiose** genannt, werden die Chromosomen nicht durch Längsspaltung halbiert, sondern die homologen Chromosomen werden ohne Spaltung voneinander getrennt. Dies geschieht auf folgende Weise:

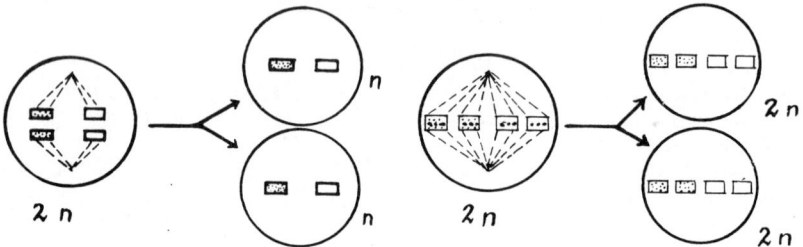

Fig. 6. Reduktionsteilung
(schematisch)

Fig. 7. Äquationsteilung
(schematisch)

Die Chromosomen ordnen sich wieder in der Äquatorialebene an, aber nicht regellos, sondern paarweise, also zwei homologe Chromosomen zusammen, und zwar so, daß das eine oberhalb, das andere unterhalb der Äquatorialplatte liegt (Fig. 6). Hierauf werden die Chromosomen durch den Spindelapparat nach den Polen zu auseinandergezogen, also die homologen Chromosomen voneinander getrennt. Es entstehen dadurch zwei neue Kerne, von denen jeder nur die halbe Chromosomenzahl, also nur n Chromosomen hat. Ein solcher Chromosomensatz, der nur n Chromosomen, also nur die halbe Chromosomenzahl hat, heißt **haploider Chromosomensatz (n)**, und Kerne mit haploidem Chromosomensatz heißen **haploide Kerne (n)**. Hierauf folgt die Zellteilung wie bei der Äquationsteilung. Merke gut:

> **Äquationsteilung (Mitose)** ist die Kernteilung, bei der die Chromosomen durch Längsteilung halbiert werden und die Tochterkerne die gleiche Chromosomenzahl haben wie der Mutterkern.

> **Reduktionsteilung (Meiose)** ist die Kernteilung, bei der nicht die Chromosomen halbiert, sondern die homologen Chromosomen voneinander getrennt werden, so daß die Tochterkerne die halbe Chromosomenzahl haben wie der Mutterkern.

Es wechseln also bei der geschlechtlichen Fortpflanzung Zellen mit dem diploiden Chromosomensatz (2 n) und Zellen mit dem haploiden Chromosomensatz (n) miteinander ab, sogenannter **Kernphasenwechsel**. Die Geschlechtszellen sind haploid und durch Verschmelzung zweier Geschlechtszellen entsteht wieder eine diploide Zelle.

Die haploide Geschlechtszelle entsteht also durch Reduktionsteilung einer diploiden Zelle. Gewöhnlich folgt aber der Reduktionsteilung einer diploiden Zelle unmittelbar eine Äquationsteilung der beiden durch die Reduktionsteilung entstandenen haploiden Tochterzellen, so daß also aus einer diploiden Zelle insgesamt vier haploide Zellen, sogenannte Tetraden, entstanden sind, welche Teilung Reifeteilung heißt. Merke also:

> **Reifeteilung** ist eine aus Reduktionsteilung und darauf folgender Äquationsteilung bestehende Teilung, bei der aus einer diploiden Zelle vier geschlechtsreife haploide Zellen, sogenannte **Tetraden**, entstehen.

Anmerkung: In seltenen Fällen von Reduktionsteilung geht die Äquationsteilung der Reduktionsteilung voraus.

Die Zellteilung kann gehemmt werden durch Röntgen- oder Radiumstrahlen oder durch Gifte z. B. durch Colchicin, das Gift der Herbstzeitlose. Colchicin ist ein Mitosegift und verhindert bei der Äquationsteilung die Trennung der entstandenen Tochterchromosomen, so daß ein Kern mit 4 n Chromosomen (polyploider Kern) entsteht. Mit der Vergrößerung des Kerns ist auch eine Vergrößerung der Zelle verbunden, so daß ein Riesenwuchs der Pflanze erfolgt. Auch in der Natur kommen polyploide Pflanzen, das sind Pflanzen mit **polyploiden Kernen** (Chromosomenzahl größer als 2 n), vor, und zwar in kälteren Gegenden. Diese polyploiden Pflanzen haben oft eine größere Widerstandskraft.

Zuweilen tritt eine direkte oder amitotische Kernteilung auf, die in einer einfachen Teilung des Kernes ohne Teilung der Zelle besteht; sie ist aber pathologisch und sehr selten.

Zellsprossung

Die Zellsprossung, wie sie bei den Hefepilzen erfolgt, ist eine Abart der Mitose. Die Kernteilung erfolgt regelmäßig, aber die Zelle wird nach erfolgter Kernteilung nicht halbiert, sondern die Mutterzelle treibt einen Auswuchs mit dem neuen Tochterkern hervor, und dieser Auswuchs wird dann durch eine Zellwand von der Mutterzelle abgetrennt.

Fig. 8. Zellsprossung der Hefe

4. Kapitel

Die Pflanzenfarbstoffe

Farbstoffe kommen in allen Teilen der Pflanze: Wurzel, Sproß, Blatt und Blüte vor. Man unterscheidet:

Wasserlösliche, in Fett unlösliche Farbstoffe (Anthocyane, Flavone), befinden sich im Zellsaft (Vakuolen) und können mit Wasser, besonders durch Kochen, herausgezogen werden.

Fettlösliche, in Wasser unlösliche Farbstoffe (Chlorophyll, Karotinoide), die auch Lipochrome genannt werden, befinden sich in den Chromatophoren (Chloroplasten, Chromoplasten), und können nicht durch Wasser, sondern nur durch Alkohol, Benzol, Chloroform herausgezogen werden.

Beispiele: Die gelbe Farbe der Möhren beruht auf Karotin, einem Lipochrom, in Chromoplasten enthalten, geht beim Kochen nicht ins Wasser. Die rote Farbe der roten Rübe beruht auf Anthocyan, wasserlöslich, im Zellsaft befindlich, geht beim Kochen ins Wasser.

Die Farbe eines Farbstoffes beruht dadurch zustande, daß der Farbstoff aus weißem Lichte ganz bestimmte Farben absorbiert, z.B. das grüne Chlorophyll absorbiert Rot und Blau. Dies weist man dadurch nach, daß man weißes Licht durch den Farbstoff hindurchgehen läßt und dann von dem hindurchgegangenen Lichte mit Hilfe eines Prismas ein Spektrum entwirft (Absorptionsspektrum).

Die wichtigsten Pflanzenfarbstoffe sind:

Chlorophyll

Chlorophyll ist der grüne Farbstoff in den grünen Pflanzenteilen, also besonders in den Blättern. Chlorophyll (Fig. 9) ist chemisch ein Porphinring (ein Ring aus vier Pyrrolkernen, die durch Methingruppen [-CH] miteinander verbunden sind), der in der Mitte ein Magnesiumatom hat und in der Seitenkette eine Karboxylgruppe, die mit Phytol, einem hochmolekularen Alkohol, verestert ist. Es gibt zwei Chlorophylle: **Chlorophyll a und Chlorophyll b,** die sich nur gering durch

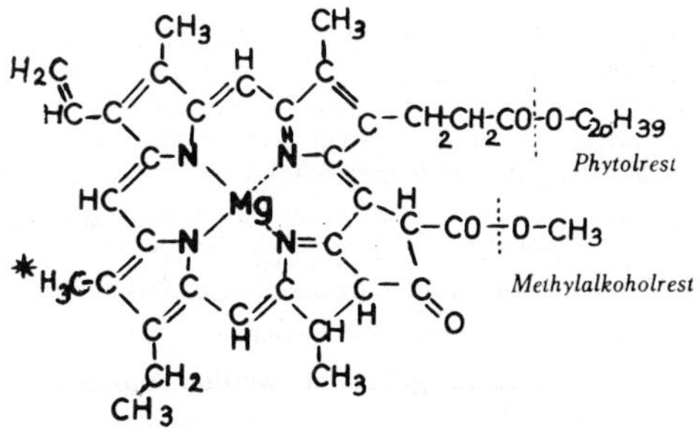

Fig. 9. Chlorophyll a

Bei Chlorophyll b ist *H_3C- durch die Aldehydgruppe -CHO ersetzt eine Seitengruppe unterscheiden. Chlorophyll b hat statt einer Methylgruppe eine Aldehydgruppe, ist also ein oxydiertes Chlorophyll a. Beide kommen immer gleichzeitig in den Pflanzen vor, aber Chlorophyll a überwiegend (etwa im Verhältnis 3:1).

Häm, der rote Farbstoff des Hämoglobins, ist chemisch ähnlich gebaut wie das Chlorophyll, nämlich ebenfalls ein Porphinring, aber statt Magnesium das 2 wertige Eisen und ohne Phytolalkohol. Ob im tierischen Organismus das Chlorophyll zu Hämoglobin umgebaut wird, ist noch nicht erwiesen.

Das Chlorophyll ist grün – Chlorophyll a blaugrün, Chlorophyll b gelbgrün – und hat zwei Absorptionsstreifen im sichtbaren Gebiete, einen starken im Rot und einen schwachen im Blau, außerdem zeigt es Fluoreszenz im Rot. Chlorophyll ist unlöslich in Wasser, aber löslich in Alkohol, Chloroform, Aceton und wird mit Alkohol, Chloroform, Aceton aus den grünen Blättern herausgezogen. Eine solche alkoholische Chlorophylllösung ist grün und zeigt Fluoreszenz im Rot.

Das Chlorophyll befindet sich in den Chloroplasten aller grünen Pflanzen, besonders in den grünen Blättern, aber nie allein, sondern immer zusammen mit den gelben Karotinoiden Karotin und Xanthophyll. Im Herbst geht das Chlorophyll mit den Chromoplasten zugrunde, die grüne Farbe verschwindet, und es erscheint daher die gelbe Farbe der Karotinoide (Gelbwerden der Laubblätter im Herbst).

Funktion des Chlorophylls: Das Chlorophyll ist der Sensibilisator für die Photosynthese, indem zuerst Strahlungsenergie vom Chlorophyll absorbiert und dann zum Aufbau der Kohlehydrate abgegeben wird.

Das Chlorophyll selbst enthält kein Eisen. Aber das Eisen ist zum Aufbau des Chlorophylls für die Pflanze notwendig, weil es wahrscheinlich an der Chlorophyllsynthese als Katalysator mitwirkt. Daher bildet sich bei Eisenmangel kein Chlorophyll und die Pflanze ergrünt nicht (sogenannte Eisenchlorose).

Karotinoide

Karotinoide sind ungesättigte Kohlenwasserstoffe, die aus Isoprenmolekülen (β-Methylbutadien) zusammengesetzt sind, oder deren Oxydationsprodukte. Sie sind gelb bis rot, Lipochrome, also fettlöslich, unlöslich in Wasser, kommen daher nur in den Chromatophoren vor. Die wichtigsten sind:

Karotin ($C_{40}H_{56}$) orangerot, in drei isomeren Formen: α-, β-, γ-Karotin. Das β-Karotin ist das Provitamin A. Vorkommen: in allen Blättern, in Blüten und Früchten (Tomate, Hagebutte), in der Möhre (der Name Karotin von der Karotte!).

Xanthophyll ($C_{40}H_{56}O_2$), auch Lutein genannt, ist ein Dioxyderivat des Karotins, gelb, in grünen Blättern. Karotin und Xanthophyll kommen immer zusammen mit Chlorophyll in den Chloroplasten vor und geben im Herbst die gelbe Farbe der Blätter.

Lycopin ($C_{40}H_{56}$), isomer mit Karotin, tief gelbrot, in Tomate, Hagebutte.

Fucoxanthin ($C_{40}H_{56}O_6$), Oxydationsprodukt von Karotin, braungelb, in Braunalgen.

Funktion der Karotinoide: Die Karotinoide spielen eine Rolle bei den durch das Licht ausgelösten Reizvorgängen (Phototropismen, -taxien, -nastien), indem sie durch Absorption des blauen(!) Lichtes die Reizempfänger sind. Ungeklärt ist noch, ob Karotin und Xanthophyll bei der Photosynthese beteiligt sind, während dies von Fucoxanthin in den Braunalgen wahrscheinlich ist.

Die Karotinoide, besonders Lutein, kommen auch in der Milch, im Eigelb, in der Netzhaut des Auges (gelber Fleck) vor und entstammen alle der Pflanze. Daher sind im Sommer bei Grünfutter Butter und Eigelb gelber.

Ester und Glukoside der Karotinoide sind im Wasser löslich und kommen als gelbe Farbstoffe auch im Zellsaft vor.

Anthocyane

Anthocyane sind blaue und rote Pflanzenfarbstoffe, wasserlöslich, daher im Zellsaft befindlich, kommen vor allem in Blüten vor (Anthos Blüte, kyanos blau), so in roter Rose, in der blauen Kornblume, aber auch in Früchten (Kirsche, Heidelbeere), in Blättern der Rotbuche und im Rotkohl.

*Die Anthocyane sind nach neuester Forschung Glykoside (Zuckerverbindungen) von salzartigem Charakter, die sich vom Pyran ableiten.

Die Anthocyane haben die bemerkenswerte Eigenschaft, daß ihre Farbe in saurer Lösung rot ist, z. *B*. rote Rose, in basischer Lösung aber blau oder violett, z. B. Kornblume. Darauf beruht der Farbwechsel mancher Pflanzen und auch des Rotkrautes. Vorlesungsversuch: Blaue Blüte wird in Salzsäure rot, rote Blüte wird in Ammoniak blau.

Funktion der Anthocyane: als Blüten- und Fruchtsaftstoffe zur Anlockung der Tiere.

Flavone

Flavone, Flavonole und Anthochlor, sind gelbe, wasserlösliche Farbstoffe, chemisch den Anthocyanen verwandt, im Zellsaft befindlich, kommen in gelben Blüten vor (Flavone von lat. flavus gelb).

Merke gut:

Chlorophyll, grün	fettlöslich	in Chloroplasten
Karotinoide, gelb, rot	fettlöslich	in Chloro- und Chromoplasten
Karotinoidester, gelb	wasserlöslich	im Zellsaft (Vakuolen)
Anthocyane, rot, blau, violett	wasserlöslich	im Zellsaft (Vakuolen)
Flavöne, Anthochlor, gelb	wasserlöslich	im Zellsaft (Vakuolen)

Grüne Farbe der Pflanzen bewirkt durch:	Chlorophyll	
Gelbe Farbe der Pflanzen bewirkt durch:	Karotinoide, Flavone	
Rote Farbe der Pflanzen bewirkt durch:	Karotinoide, Anthocyane	
Blaue Farbe der Pflanzen bewirkt durch:	Anthocyane	
Weiße Farbe der Pflanzen bewirkt durch:	Luftbläschen (Totalreflexion)	
Mischfarben wie Braun bewirkt durch:	Mischung von verschiedenen Farbstoffen.	

Die weiße Farbe von Blüten, Blättern, Haaren rührt nicht von einem Farbstoff her, sondern von einer Unzahl von Luftbläschen, an denen Totalreflexion stattfindet. Beweis: 1. Wenn man bei einem weißen Blütenblatte durch Drücken die Luftbläschen herauspreßt, wird das Blatt durchscheinend, und die weiße Farbe verschwindet. 2. Im Mikroskop erscheinen die Luftbläschen alle mit einem dunklen Rand, weil infolge Totalreflexion das Licht nicht hindurchgeht.

Die Farben haben in den Pflanzen bestimmte Funktionen, nämlich:

1. Anlockung von Tieren: die Farbe von Blüten und Früchten,
2. Sensibilisator für die Photosynthese: das Chlorophyll,
3. Empfänger für Lichtreize: die Karotinoide.

5. Kapitel

Das Gewebe

Gewebe ist ein Verband von vielen Zellen mit einer bestimmten Funktion; hierbei haben die Einzelzellen ihre Selbständigkeit zum Teil verloren.

Echtes Gewebe haben nur die höheren Pflanzen. Gewebeähnliche Gebilde zeigen Algen und Pilze, bei denen sich die zunächst freien Zellen oder Zellfäden zusammenlagern und hierauf die Zellmembranen verwachsen oder die Zellfäden sich verflechten (Flechtgewebe oder Plektenchym).

Jedes Gewebe ist durch Zellteilung (Äquationsteilung) und durch darauf folgendes Wachstum (Wasseraufnahme) und Ausdifferenzierung der Zellen entstanden. Während eine junge (embryonale) Zelle noch klein und vollständig mit Plasma ausgefüllt, also vakuolenfrei ist und eine fast würfelartige Gestalt hat, so sind ausgewachsene und ausdiffenzierte Zellen nicht nur größer und haben ein oder mehrere Vakuolen, sondern sie bekommen auch meist eine langgestreckte Gestalt (vgl. Fig. 2). Merke:

Isodiametrisch heißt eine Zelle, wenn sie nach allen Richtungen fast gleichen Durchmesser hat,

Prosenchymatisch heißt eine Zelle, wenn sie in die Länge gestreckt ist.

Bei den Zellen eines Gewebes sind die Zellulosemembranen zweier benachbarter Zellen durch eine dazwischenliegende Pektinschicht, die **Mittellamelle** heißt, miteinander verbunden (Fig. 10). Durch die Zellulosemembran, nicht aber durch die Mittellamelle führen kleine **Kanäle,** die **Tüpfel** oder **Tüpfelkanäle** heißen. Das Stück der Mittellamelle, das den Tüpfelkanal unterbricht, heißt die **Schließhaut des Tüpfels.** Ferner ist die ganze Wand zweier benachbarter Zellen, sowohl die Zellulosemembranen als auch die Mittellamelle, von feinen Plasmafäden, die **Plasmodesmen** heißen, durchzogen. Diese Plasmodesmen vermitteln eine Reizleitung zwischen den Protoplasten zweier benachbarter Zellen. Wenn bei der Zellteilung die neue Zellwand zwischen den beiden Tochterzellen entsteht, so entsteht zuerst die **Mittellamelle,** und an diese werden vom Plasma von beiden Seiten her die Zellulosemembranen angelegt (siehe Seite 15!).

Pektine sind hochmolekulare Verbindungen, die aus Galakturonsäure zusammengesetzt sind. Die Mittellamelle aus Pektin kann durch Säuren aufgelöst werden, worauf die Zellen auseinanderfallen (sogenannte **Mazeration**). Hierauf beruht auch das Reifen mancher Früchte (z. B. von Äpfeln) und das Weich- oder Mehligwerden der Kartoffeln beim Kochen.

Im älteren Gewebe sind die Mittellamellen an den Ecken und Kanten der Zellen aufgelöst, und es entstehen dadurch, daß die Zellen an diesen Stellen auseinander weichen, Zwischenräume, die **Interzellularräume** oder **Interzellularen** heißen (Fig. 11). Diese Interzellularen sind im Querschnitt meist drei- oder viereckig, im Längsschnitt röhrenförmig, stehen miteinander in Verbindung und bilden ein zusammenhängendes, weitverzweigtes Röhrensystem, das die ganze Pflanze durchsetzt, bis in die Blätter hineinreicht und durch Spaltöffnungen in den Blättern mit der Außenluft in Verbindung steht. Dieses Interzellularsystem dient zum Gasaustausch und ist mit Luft, besonders Sauerstoff und Kohlendioxyd, angefüllt.

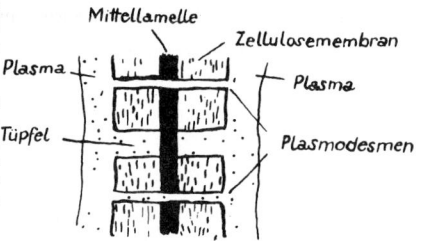

Fig. 10. Zellwand mit Mittellamelle

Fig. 11. Gewebe mit Interzellularräumen

Die wichtigsten Gewebe der Pflanzen sind:

I. Embryonales Gewebe, Bildungsgewebe oder **Meristem** genannt:

    1. Urmeristem,   2. Sekundäres Meristem (Kambium).

II. Dauergewebe:

    1. Parenchym oder Grundgewebe:

        a. Assimilationsparenchym   e. Wasserspeicherparenchym
        b. Markparenchym   f. Aërenchym
        c. Speicherparenchym   g. Leitparenchym
        d. Rindenparenchym

2. Abschlußgewebe:
   a. Hautgewebe oder Epidermis
   b. Korkgewebe
3. Mechanisches oder Festigungsgewebe:
   a. Kollenchym, noch lebend
   b. Sklerenchym, tot
4. Leitgewebe:
   a. Xylem oder Holzteil mit Gefäßen (Tracheen, Tracheiden)
   b. Phloem oder Bastteil mit Siebröhren
5. Sekretgewebe
6. Drüsengewebe

I. Meristem oder Bildungsgewebe

Meristem oder Bildungsgewebe, auch embryonales Gewebe genannt, ist das lebende, dauernd in Teilung befindliche Gewebe. Die Zellen sind noch klein und meist isodiametrisch, im Querschnitt quadratisch, aber auch langgestreckt, plasmareich, wasserarm, mit verhältnismäßig großem Kern, ohne Vakuolen und ohne Turgor (Druck); die Zellwand ist dünn, Interzellularräume sind noch nicht vorhanden.

Funktion des Meristems: 1. sich durch Teilung zu vermehren,
2. sich in ausdifferenzierte Dauerzellen umzuwandeln.

Man unterscheidet: 1. Urmeristem,
2. Sekundäres oder Folgemeristem, auch Kambium genannt.

Urmeristem ist das aus der Keimzelle entstandene Bildungsgewebe, das seine Teilungsfähigkeit dauernd behalten hat. Urmeristeme befinden sich in allen Vegetationspunkten, so besonders an den Enden von Sproß und Wurzel.

Bei den höheren Pflanzen besteht der Vegetationspunkt aus einer Vielheit von embryonalen, sich teilenden Zellen, von denen die äußersten die **Initialzellen** heißen. Bei den niederen Pflanzen besteht der Vegetationspunkt in einer einzigen Zelle, die **Scheitelzelle** heißt.

Manche Algen (* Armleuchter-, Braun-, Rotalgen) haben eine einschneidige Scheitelzelle, die sich basalwärts teilt. Lebermoose haben eine zweischneidige, keilförmige Scheitelzelle, die abwechselnd nach zwei Seiten neue Zellen durch Teilung abscheidet. Laubmoose, Schachtelhalme und Farne haben eine dreischneidige Scheitelzelle von der Form einer umgekehrten dreiseitigen Pyramide, die abwechselnd parallel zu den drei Seitenflächen durch Teilung neue Segmente abscheidet.

Sekundäres oder **Folgemeristem**, auch **Kambium** genannt, ist ein teilungsfähiges Bildungsgewebe, das erst aus einem Dauergewebe sich neu gebildet hat. Solches Kambium (faszikuläres und interfaszikuläres Kambium) bewirkt z. B. das Dickenwachstum der Bäume, oder ein anderes Kambium, das Korkkambium (* Phellogen), bildet das Korkgewebe.

II. Dauergewebe

Das **Dauergewebe** ist aus dem Meristemgewebe durch Wachstum (Wasseraufnahme und Streckung) und Ausdifferenzierung der Zellen entstanden. Es ist entweder noch lebend oder tot. Die lebenden Zellen sind ausgewachsen und wasserreich, haben Vakuolen und sind turgeszent, d. h. prall mit Wasser gefüllt, wodurch ein Druck, der sogenannte Turgordruck, entsteht. Die Zellen sind isodiametrisch (aber nicht mehr würfelförmig) oder langgestreckt. Die Dauergewebe haben verschiedene Funktionen. Die wichtigsten Dauergewebe sind:

1. Parenchym oder Grundgewebe

Das **Parenchym** stellt die Hauptmasse der Pflanzen dar und ist das Gewebe des Stoff-auf- und -abbaues. Die Zellen sind lebend, isodiametrisch oder prosenchymatisch, haben Plastiden und Vakuolen. Die Zellwände sind nur wenig verdickt. Das Gewebe ist reich an Interzellularräumen, die dem Gasaustausch dienen: sie führen den lebenden Zellen Luft zu und leiten die im Gewebe entstehenden Gase ab. Die Parenchymzellen sind prall mit Wasser gefüllt, der dadurch entstandene Turgordruck bewirkt eine Festigung der Pflanze.

An das Parenchym sind die wichtigsten Funktionen der Pflanze gebunden: Nährstoffbereitung, Nährstoffleitung, Nährstoffspeicherung, Atmung und Wasserspeicherung. Demgemäß unterscheidet man:

    a. **Assimilationsparenchym,** der Ort der Photosynthese (Aufbau der Kohlehydrate aus Wasser und Kohlendioxyd unter Aufnahme von Lichtenergie), reich an Chloroplasten, daher grün, meist peripher unter der Epidermis, so besonders die Palisadenschicht (Palisadenparenchym) in den Blättern.

    b. **Markparenchym,** das Füllgewebe des Sprosses, ohne Chloroplasten, farblos.

    c. **Speicherparenchym,** ohne Chloroplasten, farblos, reich an Zucker, Stärke, Fett und Eiweiß, besonders in den Speicherorganen wie Knolle (Kartoffel), Zwiebel.

    d. **Rindenparenchym,** unter der Epidermis, bei grünen Sprossen in der äußersten Schicht chlorophyllhaltig, sonst farblos.

    e. **Wasserspeicherparenchym,** sehr wasserreich, besonders bei Xerophyten in den fleischig-saftigen Pflanzen, den sogen. Sukkulenten, wie Kakteen.

    f. **Leitparenchym.**

    g. **Aërenchym,** Durchlüftungsgewebe, sehr reich an Interzellularen, daher stark mit Luft gefüllt, besonders bei Wasser- und Sumpfpflanzen.

2. Abschlußgewebe

a) Epidermis

Die **Epidermis** oder **Oberhaut** ist das primäre Abschlußgewebe. Sie ist farblos, also ohne Chloroplasten oder Chromoplasten, einschichtig und ohne Interzellularen. Die Zellen sind miteinander verzahnt (Fig. 12a), so daß die Epidermis sehr fest zusammenhängend und daher leicht abziehbar ist. Die Außenwand der Epidermiszellen ist infolge des einseitigen Turgordruckes nach außen gewölbt und durch Kutineinlage verstärkt. Außerdem läuft über die Epidermis eine dünne Kutinschicht, die **Kutikula** heißt. Die Kutikula fehlt bei den Hygrophyten, bei Xerophyten ist sie besonders stark. Die Epidermis

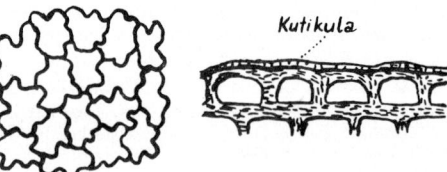

a. in der Draufsicht   b. im Querschnitt
Fig. 12. Epidermis

dient vor allem zum Schutze gegen Wasserverdunstung (Transpiration), sie ist aber besonders in den Blättern mit vielen **Spaltöffnungen, Stomata** genannt, durchsetzt, die mit den Interzellularräumen in Verbindung stehen. Diese Spaltöffnungen dienen zum Gasaustausch (Aufnahme von Kohlendioxyd, Abgabe von Sauerstoff) und für die Transpiration (Genaueres später beim Blatte!).

Die Epidermis hat häufig Auswüchse; diese sind die Haare und Emergenzen.

Haare sind Ausstülpungen nur der Epidermis, sie können ein- oder mehrzellig, lebend oder tot sein; sie sind farblos oder weiß (weiße Farbe durch Totalreflektion an Luftbläschen hervorgerufen!) und haben verschiedene Funktionen: Schutz gegen zu starke Transpiration, gegen Tierfraß; am wichtigsten sind die **Wurzelhaare,** die zur Absorption des Wassers und der Nährlösung aus dem Boden dienen.

Emergenzen sind Auswüchse aus der Epidermis und tiefer gelegenen Gewebsteilen, z. B. die Stacheln der Rose und des Brombeerstrauches und die sogenannten Brennesselhaare.

Anmerkung: Die Haare der Tiere entsprechen den Emergenzen der Pflanzen, haben aber eine andere Funktion, nämlich die des Wärmeschutzes.

Die Epidermis stirbt an älteren Pflanzenteilen ab und wird dann durch das Korkgewebe ersetzt.

b. Korkgewebe

Korkgewebe ist ein sekundäres Abschlußgewebe an älteren Pflanzenteilen, das durch ein sekundäres Meristem, das **Korkkambium** (*Phellogen) entsteht und das die zugrunde gegangene Epidermis ersetzt. Das Korkgewebe ist mehrschichtig, entweder eine dünne, glatte Korkhaut (z. B. die Kartoffelschale) oder dicke, außen rissige Korkkrusten (z. B. die mehrere Zentimeter dicken Korkschichten der Korkeiche in Spanien, woraus der Flaschenkork gemacht wird). Die Zellwände sind stark verkorkt, die Zellen selbst abgestorben und luftleer, daher ist das Korkgewebe sehr leicht und braun oder dunkel gefärbt. Das Korkgewebe verhindert noch besser als die Epidermis die Transpiration und ist zugleich ein Schutz gegen Schmarotzer. Das Korkgewebe ist durchsetzt von vielen Poren, **Lentizellen** genannt, die warzenartig hervorspringen, luftdurchlässig sind und einen Gasaustausch ermöglichen. Kork befindet sich nur bei höher entwickelten Pflanzen.

3. Mechanisches oder Festigungsgewebe

Gegen mechanische Beanspruchung hat die Pflanze ein besonders starkes Gewebe ausgebildet, das Festigungsgewebe. Die Zellen des Festigungsgewebes haben durch Zellulose oder Holz verstärkte Zellwände, sie sind entweder lebend oder tot. Man unterscheidet **Kollenchym** und **Sklerenchym.**

a. Kollenchym

Das Kollenchym ist noch lebendes, wachstumfähiges Festigungsgewebe, daher in noch wachsenden Pflanzenteilen, zuweilen noch assimilierend (also grün mit Chloroplasten), meist ohne Interzellularen. Die Zellen sind langgestreckt (prosenchymatisch), und die Zellwand verdickt und verstärkt, und zwar nur durch Zellulose, also nicht mit Holz imprägniert, daher noch streckungsfähig. Die Verdickung der Zellwände ist nicht gleichmäßig, und man unterscheidet nach der Art der Verdickung:

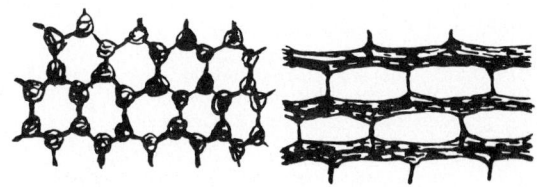

a. Eckenkollenchym   b. Plattenkollenchym

Fig. 13. Kollenchym im Querschnitt

Kanten- oder **Eckenkollenchym,** wenn nur die Kanten – im Durchschnitt gesehen die Ecken – verstärkt sind (Fig. 13a).

Plattenkollenchym, wenn zwei gegenüberliegende tangentiale Wände verstärkt sind (Fig. 13 b).

b. Sklerenchym

Sklerenchym ist totes, nicht mehr wachstumfähiges Gewebe, daher in ausgewachsenen Pflanzenteilen. Die Zellwände sind durch Zellulose, aber auch durch Holz verstärkt. Die Zellen sind entweder isodiametrisch oder langgestreckt (prosenchymatisch). Demgemäß unterscheidet man:

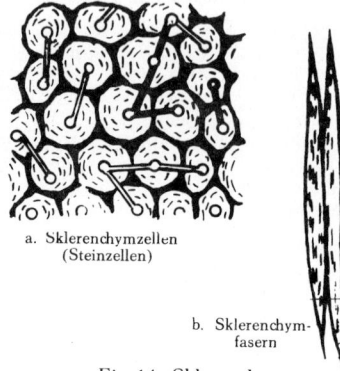

Sklerenchymzelle oder **Steinzelle**, fast isodiametrisch, Wände sehr stark verholzt, mit Tüpfelkanälen, von großer Druckfestigkeit (Fig. 14a). Steinzellengewebe sind die Schalen von Nüssen und Steinfrüchten.

a. Sklerenchymzellen (Steinzellen)

Sklerenchymfaser, schmale, spindelförmige, äußerst langgestreckte Zellen (bis 4, ja sogar 20 cm lang), mit sehr feinen zugespitzten Wänden, Zellwände, verholzt oder nicht verholzt, von großer Zug- und Biegungsfestigkeit (Fig. 14b); daher in Stengel, Halm, Stamm, Wurzel. Die Sklerenchymfasern sind die wesentlichen Bestandteile pflanzlicher Textilfasern (Lein, Flachs, Nessel).

b. Sklerenchymfasern

Fig. 14. Sklerenchym

Anordnung des Festigungsgewebes in den Pflanzen

Stengel und Blatt erleiden eine große Beanspruchung auf Biegung. Zur Erreichung einer großen Biegungsfestigkeit sind daher die Festigungsgewebe nach dem Doppel-T-Prinzip möglichst peripher (außen) und die weniger festen und besonders lebenswichtigen Gewebe in der Mitte angeordnet, z. B. bei einem vierkantigen Stengel immer in den Ecken oder bei einem runden Stengel an der Peripherie entweder einzeln voneinander getrennt oder in einem geschlossenen Ring (Fig. 15).

4. Leitgewebe

Bei den höher entwickelten Pflanzen muß das Wasser mit den Nährsalzen aus der Wurzel in die assimilierenden Organe, die Blätter, und die durch Assimilation entstandenen Stoffe, die Assimilate (Kohlehydrate, Eiweiß) zu den Organen geleitet werden. Dies geschieht durch zwei verschiedene Leitungssysteme:

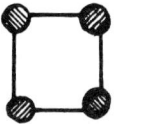 

Festigungsgewebe schraffiert

Fig. 15. Anordnung des Festigungsgewebes in einem Stengel

1. die **Gefäße**, die das Wasser mit den Nährsalzen aus der Wurzel in den Stengel und die Blätter von unten nach oben leiten,

2. die **Siebröhren**, die die Assimilate (Kohlehydrate, Eiweiß u. a.) in die Organe, so besonders in die Speicherorgane und zu den Vegetationspunkten leiten, also gewöhnlich von oben nach unten.

Die Gefäße

Die Gefäße, zum Wassertransport dienend, bestehen aus toten, langgestreckten Zellen, deren Wände durch Verholzung (Lignineinlagerung) versteift sind.

Es gibt zwei verschiedene Arten von Gefäßen:

    a. **Tracheiden,** die aus langgestreckten, meist zugespitzten, voneinander durch getüpfelte Querwände getrennten Zellen bestehen,

    b. **Tracheen,** lange zusammenhängende Röhren, die aus Einzelzellen durch Auflösung der Querwände entstanden sind (Länge: cm bis m).

Im allgemeinen kommen in einer Pflanze Tracheiden und Tracheen nebeneinander vor; nur die Nacktsamigen, z. B. die Nadelhölzer, haben nur Tracheiden. Die Gefäße haben keinen lebenden Inhalt und sind nur mit Wasser oder Luft gefüllt. Zur Erleichterung der Wasserabgabe an angrenzende lebende Parenchymzellen sind die Wände der Gefäße nicht vollständig, sondern nur teilweise verholzt. Diese Verholzungen (Versteifungen) sind ring-, spiral- oder netzförmig angelegt, oder die Wand ist im ganzen verholzt und von einer großen Zahl von Tüpfeln (s. Fig. 16!), sogenannten Hoftüpfeln, durchsetzt. Man unterscheidet demnach: **Ring-, Spiral- oder Schrauben-, Netz- und Tüpfelgefäße** (Tracheiden oder Tracheen). Die Tüpfel (Fig. 17) sind so gebaut, daß sich der Tüpfelkanal nach der Schließhaut (Mittellamelle) hin erweitert, so daß man von vorn zwei Kreise, also einen Hof erblickt. Deshalb heißen diese Tüpfel **Hoftüpfel.** Die Erweiterung des Tüpfelkanales bewirkt eine Vergrößerung der Schließhaut, wodurch der Wasserdurchtritt erleichtert wird.

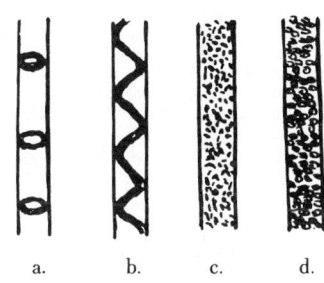

a.   b.   c.   d.

Fig. 16. Gefäße

a. Ring-,   b. Spiral-,   c. Netz-,   d. Tüpfelgefäße

Zuweilen ist die Mitte der Schließhaut verdickt, welche Verdickung **Torus** heißt. Bei einseitigem Druck wird die Schließhaut an die Wand gepreßt und verschließt dann mit dem Torus den Tüpfelkanal (Fig. 17 b). Die Ring- und Spiralgefäße sind noch streckbar und werden daher zuerst in noch jungen und wachsenden Pflanzenteilen angelegt.

Die Siebröhren

Die Siebröhren, die dem Transport der Assimilate dienen, bestehen aus lebenden, langgestreckten Zellen mit meist schräg gestellten, siebartig durchlöcherten Querwänden, die **Siebplatten** heißen (daher der Name Siebröhren). Die Zellen sind stets lebend. Das Plasma ist nur ein dünner Wandbelag. der größte Teil des Zellinnern ist mit dem die Assimilate führenden Zellsaft ausgefüllt. Die Poren der Siebplatten sind von Plasmasträngen durchsetzt, die somit eine Verbindung zwischen dem Plasma zweier benachbarter Zellen sind. Bei den Bedecktsamigen sind die Siebröhren stets mit kleineren, sehr plasmareichen Zellen, den sogenannten **Geleitzellen,** verbunden. Die Siebröhren sind gewöhnlich nur kurze Zeit, gewöhnlich eine

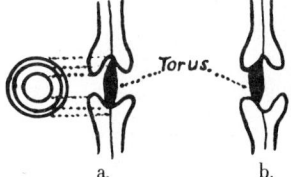

a.   b.

Fig. 17. Hoftüpfel

Vegetationsperiode in Tätigkeit. Die Siebplatten werden mit Kallose verstopft, und die Siebröhren sterben dann ab.

Die Gefäße und Siebröhren sind in einer Pflanze immer je mehrere zusammengefaßt und zugleich von anderen Geweben – Parenchym und Sklerenchym – umgeben und ergeben somit zwei Arten von Leitsystemen: das wasserleitende Xylem und das die organischen Stoffe (Assimilate) leitende Phloem. Merke sehr gut:

    Xylem, auch Holzteil, Gefäßteil oder Hadrom genannt, bestehend aus den Wasser und Nährsalze leitenden Gefäßen, Sklerenchymfasern (Bastfasern) und Parenchym.

Phloem, auch Siebteil oder Leptom genannt, bestehend aus den die Assimilate leitenden Siebröhren mit Geleitzellen, Sklerenchymfasern Bastfasern und Parenchym.

Im Sproß (Stengel und Blatt) bilden Xylem (Holzteil) und Phloem (Siebteil) zusammen Bündel, die Leit- oder Gefäßbündel. Merke:

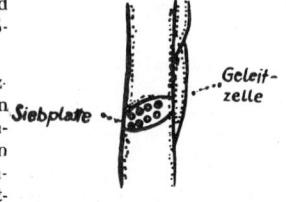

Leit- oder **Gefäßbündel** heißen die aus Xylem (Holzteil) und Phloem (Siebteil) zusammengesetzten Bündel, also die aus den das Wasser leitenden Gefäßen und den die Assimilate leitenden Siebröhren bestehen und zugleich Parenchym- und Sklerenchymfasern (Holzfasern und Bastfasern) enthalten.

Fig. 18. Siebröhre mit Geleitzellen

Holzteil und Siebteil sind in den Leitbündeln stets räumlich voneinander getrennt und haben eine bestimmte Anordnung. Nach der verschiedenen Anordnung von Holzteil und Siebteil hat man folgende Arten von Leit- oder Gefäßbündeln:

1. **Kollaterales Leitbündel,** wenn Holzteil und Siebteil nur an einer Seite zusammenstoßen (Fig. 19,1 und 2), und zwar:

   a. **offenes kollaterales Leitbündel,** wenn Holzteil und Siebteil durch ein Meristem, ein Kambium, voneinander getrennt sind (Fig. 19,1),

   b. **geschlossenes kollaterales Leitbündel,** wenn Holzteil und Siebteil nicht voneinander durch ein Meristem getrennt sind, also unmittelbar nebeneinander liegen (Fig. 19,2).

2. **Bikollaterales Leitbündel,** ein Bündel ähnlich dem kollateralen, nur liegt neben dem Holzteil noch auf der anderen Seite ein zweiter Siebteil (Fig. 19,3).

3. **Konzentrisches Leitbündel,** wenn Siebteil ganz vom Holzteil oder Holzteil ganz vom Siebteil umgeben ist (Fig. 19, 4a und b).

1. offen kollateral	2. geschlossen kollateral	3. bikollateral	4. konzentrisch

Fig. 19. Leit- oder Gefäßbündel

schematisch gezeichnet: Holzteil (H) schraffiert – Siebteil (S) punktiert – Meristem (M) gekästelt

Merke: **Offenes kollaterales Leitbündel in Stengel (Stamm) und Blatt von Dikotylen und Gymnospermen (z. B. Nadelhölzern),**

Geschlossenes kollaterales Leitbündel in Stengel (Stamm) und Blatt von Monokotylen.

* Bikollaterale und konzentrische Leitbündel sind nur in einigen wenigen Pflanzenarten, z. B. bikollaterale Leitbündel in Kürbis- und Nachtschattengewächsen, konzentrische Leitbündel in Rhizomen von Farnen und Monokotylen.

Anordnung der Leitbündel in den Pflanzen

Die Leitbündel sind im Stengel (Stamm) – im Stengelquerschnitt betrachtet – bei den Dikotylen auf einem Kreise angeordnet, bei den Monokotylen aber unregelmäßig über den ganzen Stengelquerschnitt verteilt. Bei beiden aber, sowohl bei den Dikotylen als auch bei den Monokotylen liegt stets der Holzteil nach innen (Stengelmitte), der Siebteil nach außen zu (Fig. 20). Wenn die Gefäßbündel in die Blätter umbiegen, so liegen dann in den Blättern die Holzteile nach oben, die Siebteile nach unten. In allen Wurzeln, sowohl von Dikotylen als auch von Monokotylen, sind die Gefäße und die Siebröhren nicht zu Bündeln zusammengefaßt, sondern die Gefäße sind auf Radien angeordnet, und die Siebröhren liegen dazwischen, also ebenfalls radial angeordnet (sogenanntes radiäres Leitbündel; Fig. 21).

a. bei Dikotylen   b. bei Monokotylen
Holzteil schraffiert – Siebteil punktiert

Fig. 20. Anordnung der Leitbündel
im Stengelquerschnitt

In dem offenen kollateralen Leitbündel kann das zwischen Holzteil und Siebteil liegende Kambium, das sogenannte **faszikuläre Kambium**, durch erneute Zellteilung neues Gewebe liefern, und zwar nach innen (Stengelmitte) zu Holzteil, nach außen (Rinde) zu Siebteil, so daß also der Stengel im Querschnitt zunimmt (sekundäres Dickenwachstum). Daher zeigen nur die Dikotylen und die Gymnospermen, die beide offene kollaterale Leitbündel haben, ein sekundäres Dickenwachstum, während bei den Monokotylen, die ein geschlossenes kollaterales Leitbündel, also ein Leitbündel ohne faszikuläres Kambium haben, ein sekundäres Dickenwachstum nicht erfolgen kann (Genaueres später!).

Holzteil schraffiert –
Siebteil punktiert

Fig. 21. Radiäres Leit-
bündel in Wurzeln

Sekretgewebe besteht aus einzelnen Zellen oder zusammenhängenden Röhren, die mit einem Sekret gefüllt sind. Dieses Sekret kann die verschiedensten festen und flüssigen Stoffe (z. B. Schleime, ätherische Öle, Harze, Alkaloide u. a.) enthalten. Sekretgewebe kommt nicht in allen Pflanzen vor, am bekanntesten sind die Milchröhren der Wolfsmilchgewächse.

Drüsengewebe sind einzelne Zellen oder Zellgruppen, die durch die Zellwand nach außen hin Stoffe abscheiden, also Sekrete; z. B. die Nektar liefernden Drüsenhaare der Blüten oder bei den Insekten fressenden Pflanzen Drüsen, die Verdauungssäfte mit Eiweiß spaltenden Fermenten ausscheiden.

6. Kapitel

Anatomie und Morphologie der Gefäßpflanzen

Gefäßpflanzen sind Pflanzen, die aus einem Kormus bestehen. Der **Kormus** besteht aus den drei Grundorganen:

> Wurzel
> Stengel ⎫
> Blatt ⎬ Sproß

Stengel und Blätter bilden zusammen den **Sproß**. Der Stengel, auch die Sproßachse genannt, heißt, je nach seiner Dicke und Stärke, auch Halm, Schaft oder Stamm.

Die wichtigsten Gefäßpflanzen (Kormophyten) sind die **Samen- oder Blütenpflanzen;** diese werden eingeteilt:

1. **Nacktsamige Pflanzen** (Gymnospermen), z. B. die Nadelhölzer (Koniferen),
2. **Bedecktsamige Pflanzen** (Angiospermen):
   a. Zweikeimblättrige Pflanzen (Dikotylen).
   b. Einkeimblättrige Pflanzen (Monokotylen).

Keimblätter (Kotyledonen) sind die ersten Blätter einer jungen Pflanze, die schon im Embryo des Samens ausgebildet sind. Die Gymnospermen haben mehrere Keimblätter (2 bis 15), die Dikotylen zwei und die Monokotylen ein Keimblatt.

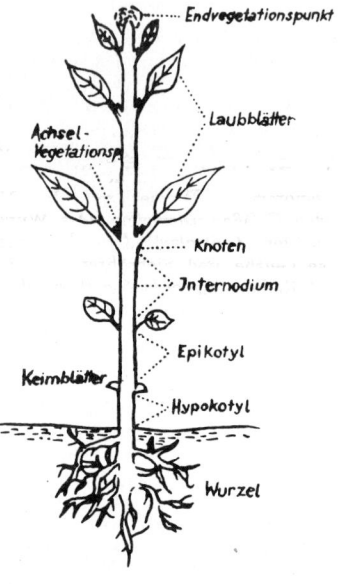

Fig. 22. Schema einer jungen Samenpflanze

Schema einer Samenpflanze

Eine **Samenpflanze** (Fig. 22) besteht aus **Wurzel** und **Sproß**, der Sproß aus der **Sproßachse (Stengel)** und **Blättern.** Die Sproßachse ist unverzweigt oder verzweigt und besteht dann aus der Hauptachse und den Seitenachsen. Auch die Wurzel ist unverzweigt oder verzweigt (Hauptwurzel und Seiten- oder Nebenwurzeln). An der Wurzel ist das äußerste Ende der Vegetationspunkt, die **Wurzelspitze** mit der **Wurzelhaube (Kalyptra).** Am Vegetationspunkte wächst die Wurzel dauernd durch Zellteilung weiter. In der Nähe der Wurzelspitze hat die Wurzel die **Wurzelhaare;** diese dienen zur Aufnahme des Wassers und der Nährsalze aus dem Boden. Der Sproß ist unterirdisch (**Erdsproß**) oder meistens oberirdisch (**Luftsproß**). Die ersten (untersten) Blätter des Sprosses sind die **Keimblätter (Kotyledonen),** dann folgen zunächst **Niederblätter,** hierauf die **Laubblätter** und zuletzt die **Hochblätter.** Hypokotyl heißt das Stück der Sproßachse von dem Wurzelhals bis zu den Keimblättern, **Epikotyl** das Stück der Sproßachse von den Keimblättern bis zu den nächsten Blättern. Am Ende der Sproßachse ist der **Endvegetationspunkt,** in den Achseln der Blätter, d. h. im Winkel zwischen Sproß und Blatt, sitzen die **Achselvegetationspunkte.** Aus den Vegetationspunkten des Sprosses entstehen Blätter, Sprosse und Blüten. Die Ansatzstellen der Blätter an der Sproßachse heißen **Knoten** oder **Nodien,** und das Stück der Sproßachse zwischen zwei Knoten heißt **Internodium.** Der zentrale Gefäßbündelzylinder der Wurzel spaltet sich im Stengel in Stränge, die bis zu dem Endvegetationspunkt verlaufen und seitliche Stränge in die Seitenachsen und in die Blätter abgeben.

1. Die Wurzel

Die Wurzel ist stets ohne Blätter (!) und hat zwei Funktionen:

1. Verankerung der Pflanze in der Erde,
2. Aufnahme des Wassers und der Nährsalze aus dem Boden.

Querschnitt durch eine junge Wurzel

Der junge, nicht weit von der Wurzelspitze entfernte Teil einer Wurzel ist im Querschnitt folgendermaßen beschaffen (Fig. 23): Die äußerste Schicht ist die einschichtige Epidermis, aus deren Zellen die Wurzelhaare entspringen. Epidermis und Wurzelhaare dienen zur Aufnahme des Wassers und der Nährsalze und haben daher keine Kutikula(!). Epidermis und Wurzelhaare sterben aber nach kurzer Zeit ab. Das unter der Epidermis liegende Gewebe, die Rinde, ist farblos, mehrschichtig und parenchymatisch. Nach Verlust der Epidermis verkorkt die äußerste Schicht der Rinde und bildet dann die wasserundurchlässige **Exodermis.** Die innerste Zellschicht der Rinde ist die **Endodermis,** deren Zellen meist stark verkorkt und daher wasserundurchlässig sind. Nur einige Zellen, die sogenannten **Durchlaßzellen,** sind unverkorkt und daher wasserdurchlässig. Sie liegen dem Gefäßteil gegenüber und haben den Zweck, das von den Wurzelhaaren aufgenommene Wasser mit den Nährsalzen den Gefäßen zuzuleiten. Das Wurzelinnere ist der **Zentralzylinder,** der vor allem die Gefäße und Siebröhren nebeneinander auf Radien angeordnet enthält, also ein radiäres Leitbündel darstellt. Zwischen den Gefäßen und Siebröhren befindet sich aber

Fig. 23. Querschnitt durch eine junge Wurzel (schematisch)

auch Parenchym (Mark) und Sklerenchym (Festigungsgewebe). Die äußerste parenchymatische Zellschicht des Zentralzylinders, also die Schicht unmittelbar an der Endodermis, ist der **Perizykel,** der noch teilungsfähig ist und aus dem die Seitenwurzeln entspringen.

Die Wurzelspitze

Die Wurzelspitze ist der Sitz des unbegrenzten Wurzelwachstums und besteht aus drei schalenförmigen Schichten embryonaler Zellen: Dermatogen, Periblem, Plerom (Fig. 24). Das **Dermatogen** (Protodetm), die äußerste Schicht, ergibt die Epidermis, aus dem **Periblem** entsteht die Wurzelrinde, und das **Plerom,** die innerste Schicht, wird zum Zentralzylinder. Eine Besonderheit der Wurzelspitze ist, daß sie eine Wurzelhaube, **Kalyptra** genannt, trägt, so daß die an der äußersten Spitze liegenden Initialzellen geschützt werden (Unterschied von der Sproßspitze!). Die Zellen der Wurzelhaube werden dauernd abgenutzt und verbraucht, aber stets entweder von dem Dermatogen oder einem besonderen, dem Dermatogen vorgelagerten Meristem, dem **Kalyptrogen,** neu gebildet. Die Wände der abgenutzten Zellen der Wurzelhaube verschleimen und machen die Oberfläche der Wurzelspitze glitschig, wodurch diese besser in den Erdboden eindringen kann. Die Zellen der Wurzelhaube enthalten auffallend viel Stärkekörner, sogenannte **Statolithenstärke** (siehe Fig. 24). Diese liegen normal auf der Unterseite der Zelle, sind aber in dem dünnflüssigen Plasma leicht beweglich. Man nimmt an, daß diese Stärkekörner wahrscheinlich die Orientierung der Wurzel zur Richtung der Schwerkraft ermöglichen, also dieselbe Funktion wie die Statolithen des Krebses haben (deshalb Statolithenstärke genannt!).

Die Wurzelhaube (Kalyptra) hat also drei Funktionen:

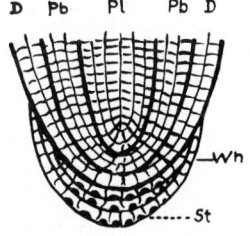

D Dermatogen   Wh Wurzelhaube
Pb Periblem   St Statolithen-
Pl Plerom   stärke

Fig. 24. Wurzelspitze im Längsschnitt

1. die embryonalen Initialzellen des Vegetationskegels zu schützen,

2. das Eindringen der Wurzelspitze in die Erde zu erleichtern,

3. die Orientierung der Wurzel zur Richtung der Schwerkraft zu ermöglichen.

32

Die Wurzelhaare

Die Wurzelhaare befinden sich nur in der Nähe der Wurzelspitze (bis 2 cm davon entfernt) in sehr großer Anzahl. Sie sind schlauchförmige, dünnwandige und mit Schleim überzogene Ausstülpungen der Epidermis (Fig. 23) und dienen infolge ihrer großen Oberfläche zur Aufnahme des Wassers und der Nährsalze aus der Erde. Die Länge der Wurzelhaare beträgt bis über 1 mm. Epidermis und Wurzelhaare haben wegen der Wasseraufnahme keine Kutikula (!). Die Wurzelhaare sterben mit der Epidermis bald ab (schon nach wenigen Tagen), werden aber von der weiter wachsenden Wurzelspitze dauernd neu gebildet. Der saure Zellsaft der abgestorbenen Wurzelhaare übt eine lösende Wirkung auf die Bodenteilchen, nämlich auf schwerlösbare Salze, aus. Merke gut: Die Wurzel ist nur mit der Epidermis und mit den Wurzelhaaren, also nur an einer sehr begrenzten Zone in der Nähe der Wurzelspitze, befähigt, Wasser und Nährsalze aus dem Erdboden aufzunehmen!

Wurzelhaare fehlen oft den Wasser- und Sumpfpflanzen. Ferner haben keine Wurzelhaare viele auf humusreichen Böden wachsende Pflanzen, wie z. B. viele Waldbäume (Buche, Eiche, Nadelbäume); bei diesen erfolgt die Aufnahme der Nährsalze durch eine Symbiose mit Pilzen (sogenannte Mykorrhiza; Genaueres später!).

Verzweigung der Wurzel

Die primäre Wurzel, die Hauptwurzel, kann Nebenwurzeln bilden und sich dadurch verzweigen. Die Seiten- oder Nebenwurzeln werden nie in der Nähe der Wurzelspitze, sondern weiter von ihr entfernt in älteren Wurzelteilen angesetzt und entstehen aus dem Perizykel des Zentralzylinders, also endogen, d. h. im Innern der Wurzel, so daß also die aus dem Perizykel hervorwachsende Seitenwurzel erst die Wurzelrinde durchbrechen muß (Fig. 25). Die Seitenwurzeln sind genau so beschaffen wie die Hauptwurzel und können ihrerseits weitere Seitenwurzeln bilden. Die Gefäße und Siebröhren von Hauptwurzel und Seitenwurzel stehen miteinander in Verbindung.

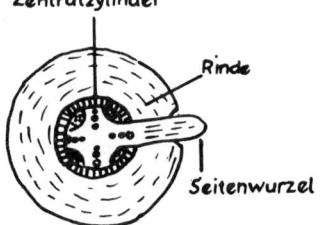

Fig. 25. Endogene Bildung der Seitenwurzel

Adventivwurzeln sind Wurzeln, die aus Sproß- oder Blattgewebe entstanden sind, die sich also nicht von der primären Keimwurzel ableiten.

Adventivwurzeln haben viele Monokotylen, bei denen die primäre Haupt(Keim-)wurzel abstirbt. Adventivwurzeln bilden auch die Stecklinge.

Rhizoide sind einzellige Haare oder verzweigte Zellfäden der Moose, mit denen sich diese in der Erde verankern und Wasser aufnehmen. Echte Wurzeln fehlen den Moosen noch.

2. Der Sproß

Der Sproß besteht aus Sproßachse und Blättern. Die Sproßachse wird je nach ihrer Dicke Stengel, Schaft, Halm oder Stamm genannt. An der Sproßachse unterscheidet man: den Endvegetationspunkt, die Achselvegetationspunkte, die Knoten (Nodien) und die Internodien (siehe Seite 30, Fig. 22!).

Primärer innerer Bau eines Stengels

Der junge Stengel einer Samenpflanze besteht aus (Fig. 26):
Epidermis (Seite 24), dem äußersten Gewebe, einzellig,
Rinde, auf die Epidermis folgend,
Zentralzylinder, der das Innere des Stengels ausfüllt.

Die **Epidermis** stirbt bei vielen Pflanzen ab und wird dann durch den Kork ersetzt, der von der äußersten Rindenschicht, dem Korkkambium, gebildet wird. Der Kork ist für Wasser und Luft schwer durchlässig und ist deshalb von vielen Spaltöffnungen, die **Lentizellen** heißen, durchsetzt.

Die **primäre Rinde** ist ein leitbündelfreies, parenchymatisches Gewebe, das in einem grünen Stengel chlorophyllhaltig ist und peripher, meist dicht unter der Epidermis, Festigungsgewebe, Kollenchym oder Sklerenchym, enthält. Oft ist die innerste Zellschicht der Rinde als Endodermis ausgebildet.

Der **Zentralzylinder** besteht vor allem aus einem farblosen Parenchym und den darin eingebetteten Leitbündeln. Bei den Dikotylen (Fig. 26 a) sind die Leitbündel auf einem Ring angeordnet und bilden einen Zylinder. Das in der Mitte befindliche, also von den Leitbündeln umschlossene parenchymatische Gewebe ist das **Mark,** die Fortsetzung des Markes zwischen den Leitbündeln heißen die **Markstrahlen.** Die Leitbündel sind offen kollateral (s. Seite 28!) und zwar Siebteil nach außen, Holzteil nach innen. Das zwi-

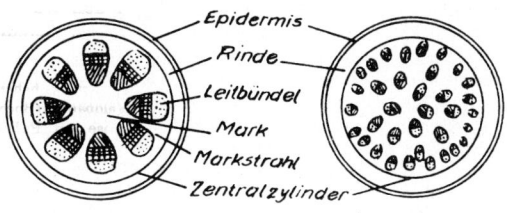

a. von Dikotylen   b. von Monokotylen

Fig. 26. Querschnitt durch einen jungen Stengel

schen Siebteil und Holzteil befindliche meristematiche Gewebe, das **faszikuläre Kambium,** setzt sich weiter fort und bildet so einen geschlossenen Kambiumring, von dem der zwischen zwei Leitbündeln befindliche Teil das **interfaszikuläre Kambium** heißt. Bei den Monokotylen (Fig. 26 b) sind die Leitbündel unregelmäßig über den ganzen Querschnitt verstreut, bilden also keinen Ring. Daher ist die Trennung zwischen Zentralzylinder und Rinde nicht scharf und oft nicht zu erkennen. Die Leitbündel sind geschlossen kollateral (s. S. 28!), Siebteil ebenfalls nach außen, Holzteil nach innen gewandt. Die Leitbündel der Sproßachse sind die Fortsetzungen des radiären Wurzelleitbündels, aus dem sie durch Teilung hervorgehen. Die Leitbündel der Sproßachse zweigen dann Leitbündel in die Blätter ab. Bei den Dikotylen (Fig. 27 a) treten die abgezweigten Leitbündel sofort in die Blätter ein, bei den Monokotylen (Fig. 27 b) laufen sie erst nach der Stengelmitte und biegen dann erst nach den Blättern zu um.

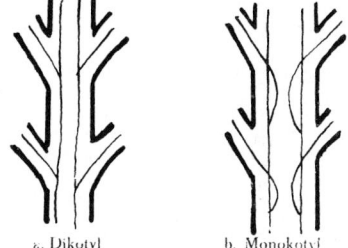

a. Dikotyl   b. Monokotyl

Fig. 27. Abzweigung der Leitbündel nach den Blättern (Stengellängsschnitt)

Die Sproßspitze

An der äußersten Spitze des Sprosses befinden sich embryonale, meristematische Zellen, die sogenannten **Initialzellen,** die durch fortgesetzte Teilung das Längenwachstum des Sprosses bewirken und zunächst drei Schichten embryonalen Gewebes entstehen lassen (Fig. 28):

1. das **Dermatogen (Protoderm),** die äußerste Schicht, woraus die Epidermis entsteht,

2. das **Periblem,** aus dem die Rinde sich entwickelt,

3. das **Plerom,** das zum Zentralzylinder wird.

Entstehung der Blätter und Seitensprosse

Unmittelbar an der Sproßspitze (Fig. 28 und 29) entstehen aus den äußeren Schichten, nämlich aus dem Dermatogen und den äußersten Schichten des Periblems, also exogen, d. h. an der Oberfläche der Sproßachse, die Blätter, indem sich diese Schichten ausstülpen und zunächst die Blattanlagen entstehen lassen. Die Blattanlagen eilen aber in ihrem Wachstum der Sproßspitze voraus, überholen die jüngeren Blattanlagen, hüllen diese und die Sproßspitze ein und bilden dadurch die Knospe (Fig. 29). Die **Knospe** ist also ein von Blattanlagen umhüllter Vegetationspunkt des Sprosses; die sie einhüllenden, meist braungefärbten, schuppenartigen Blätter heißen die **Knospenschuppen.** Die Sproßspitze trägt also zum Unterschied von der Wurzelspitze keine Haube, sondern wird durch die sie einhüllenden Blattanlagen, die Knospenschuppen, geschützt (!). Sobald sich an der Sproßspitze eine Blattanlage gebildet hat, entsteht in der Achsel des Blattes, d. h. in dem Winkel zwischen Sproß und Blattanlage, ebenfalls aus den äußeren Schichten (Dermatogen und Periblem), also exogen, ein **sekundärer Vegetationspunkt (Achselvegetationspunkt),** aus dem später ein Seitensproß (**Achselsproß**) hervorgeht. Die Seitensprosse werden also zugleich mit den Blättern schon am Vegetationskegel der Sproßspitze angelegt, bleiben aber zunächst im Wachstum hinter den Blättern zurück. Später wachsen dann die Seitensprosse weiter wie der Hauptsproß, nur in anderer Richtung.

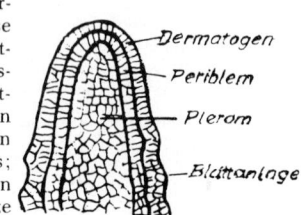

Fig. 28. Sproßspitze
im Längsschnitt

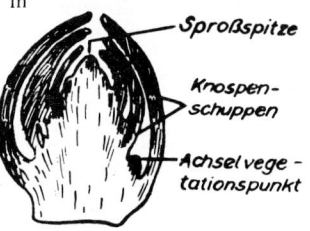

Fig. 29. Knospe (Längsschnitt)

Verzweigung

Eine **Verzweigung** ensteht, wenn ein Sproß sich teilt oder Seitensprosse bildet. Man unterscheidet folgende Arten von Verzweigungen:

I. **Gabelung** oder **dichotome Verzweigung (Dichotomie,** Fig. 30,1), wenn sich der Sproß an der Sproßspitze, d. h. am Endvegetationspunkt teilt und in zwei gleichartigen Teilen weiterwächst (selten, nur bei einigen Moosen und Farngewächsen); man erkennt eine Gabelung daran, daß die Verzweigungsstellen keine Blätter (Deckblätter!) oder Blattnarben haben.

II. **Echte** oder **seitliche Verzweigung,** die durch Entfaltung von Achselknospen zustande kommt; man erkennt eine echte Verzweigung daran, daß die Verzweigungsstelle ein Deckblatt oder eine Blattnarbe zeigt (Fig. 30, 2-3). Je nachdem, ob der Hauptsproß oder der Seitensproß stärker wächst. unterscheidet man:

1. **Razemöse** oder **monopodiale Verzweigung** (Fig. 30,2), wenn der Hauptsproß (Hauptachse) weiterwächst und die Nebensprosse (Seitenachsen) im Wachstum hinter dem Hauptsprosse zurückbleiben (z. B. Tanne, Fichte).

2. **Zymöse Verzweigung,** wenn die Hauptachse verkümmert und die Nebensprosse (Seitenachsen), das Wachstum fortsetzen, also den Hauptsproß übergipfeln (Fig. 30,3), und zwar:

a. **Monochasium** oder **sympodiale Verzweigung** (Fig. 30, 3a), wenn sich an der Verzweigungsstelle nur eine einzige Seitenachse bildet und diese in der ursprünglichen Richtung der Hauptachse weiterwächst, die Hauptachse aber ihr Wachstum einstellt.

b. **Dichasium** (Fig. 30, 3b), wenn an der Verzweigungsstelle zwei gegenüberliegende Seitenachsen entstehen und diese das Wachstum fortsetzen, während die Hauptachse im Wachstum zurückbleibt. Wachsen diese völlig verkümmert, so ergibt dies den Anschein einer Dichotomie (**falsche Dichotomie;** Fig. 30, 3b, β); man erkennt die falsche Dichotomie daran, daß sie zum Unterschied von der echten Dichotomie zwei Deckblätter oder Blattnarben **hat** (vgl. Fig. 30, 1!).

c. **Pleiochasium** (Fig. 30, 3c), wenn an der Verzweigungsstelle mehr als zwei Seitenachsen entstehen, während die Hauptachse verkümmert.

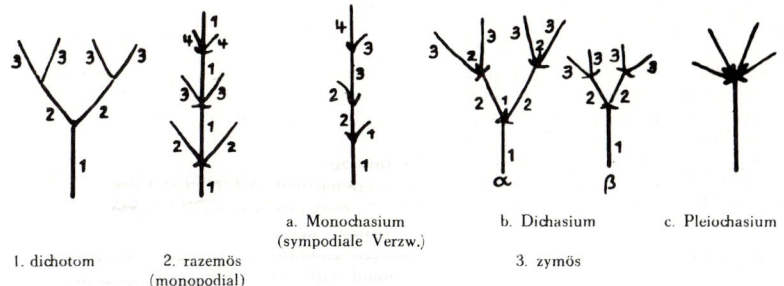

	a. Monochasium	b. Dichasium	c. Pleiochasium
	(sympodiale Verzw.)		
1. dichotom	2. razemös		3. zymös
	(monopodial)		

Fig. 30. Verzweigung

Merke noch:

Monopodium, wenn der Hauptsproß in gerader Richtung weiterwächst und der Träger der Seitensprosse ist, also eine durchgehende Hauptachse bildet (Fig. 30, 2).

Sympodium, wenn bei zymöser Verzweigung immer ein Seitensproß in Richtung des Hauptsprosses weiterwächst und so eine scheinbare Hauptachse zustande kommt, die aber nicht ein einziger Sproß ist, sondern sich aus mehreren Seitensprossen zusammensetzt (Fig. 30, 3a).

Die Sproßachse (Stengel, Stamm) hat folgende drei Funktionen: 1. Träger der Blätter, 2. Verbindung von Wurzeln und Blättern, also Stoffleitung zwischen Wurzel und Blatt, 3. Speicherung von Reservestoffen (Stärke, Eiweiß, Fette) im Mark.

Merke gut:

Die wesentlichen Unterschiede zwischen Wurzel und Sproß

Wurzel	Sproß
1. Der Vegetationspunkt der Wurzel, die Wurzelspitze, hat eine Haube (Kalyptra), wodurch er geschützt wird.	1. Der Vegetationspunkt des Sprosses, die Sproßspitze, hat keine Haube und wird durch die Blattanlage geschützt.
2. Die Wurzel hat Seitenwurzeln, aber keine Blätter und keine Knospen.	2. Der Sproß hat Seitensprosse, Blätter und Knospen (Sproß- und Blattanlagen).
3. Die Seitenwurzel entsteht endogen aus dem Perizykel und zwar nicht am Vegetationspunkt, sondern weiter entfernt an einem älteren Wurzelteil.	3. Der Seitensproß und die Blätter entstehen exogen aus den äußersten Schichten (Dermatogen und Periblem), und zwar unmittelbar an dem Vegetationspunkte (Sproßspitze).
4. Die Epidermis der jungen Wurzel und der Wurzelhaare hat keine Kutikula.	4. Die Epidermis des Sprosses hat eine Kutikula.
5. Die Wurzel hat stets ein radiäres Leitbündel in einem Leitzylinder mit Perizykel.	5. Die Leitbündel sind kollateral, bei den Dikotylen offen kollateral, auf einem Ring angeordnet, bei den Monokotylen geschlossen kollateral, über den ganzen Querschnitt verstreut.

3. Das Blatt

Das Blatt ist das dritte Organ einer Kormuspflanze. Merke die folgenden Arten von Blättern:

Laubblätter heißt die große Mehrzahl der Blätter einer Pflanze, die vor allem zur Assimilation der Kohlensäure (Photosynthese) dienen und immer grün sind.

Keimblätter, Kotyledonen genannt, sind die ersten Blätter einer jungen Pflanze, die schon im Embryo des Samens ausgebildet sind; sie sind meist farblos und sterben bald ab. Die Gymnospermen haben mehrere Keimblätter (2 bis 15), die Dikotylen zwei und die Monokotylen ein Keimblatt.

Niederblätter sind die an den niederen Teilen des Stengels befindlichen und in ihrer Entwicklung zurückgebliebenen Blätter, oft nicht grün: Niederblätter sind z. B. die Schuppenblätter der Knospen.

Tragblätter oder **Deckblätter** heißen die Blätter, in deren Achsel ein Seitensproß entsteht.

Hochblätter heißen die bei manchen Pflanzen vorkommenden Blätter, die sich in der Nähe der Blüte, also an den hohen Pflanzenteilen befinden und im allgemeinen anders, meist einfacher geformt sind als die gewöhnlichen Laubblätter; sie sind Schutzblätter (Deckblätter) der Blütenachse oder dienen auch als gefärbte Schauorgane zur Anlockung von Tieren.

Kelchblätter, Kronblätter, Staubblätter, Fruchtblätter sind die Blätter der Blüte (Genaueres später bei der Blüte).

Das Laubblatt, also das gewöhnliche grüne Blatt, besteht aus Blattgrund, Blattstiel und Blattspreite (Fig. 31).

Der Blattgrund trägt oft noch kleinere Blätter, die Nebenblätter oder Stipeln heißen. Bei manchen Pflanzen, wie bei den Gräsern, ist der Blattgrund zur Blattscheide geworden, die den Stengel umhüllt. Der Blattstiel fehlt bei manchen Pflanzen; solche Blätter heißen **sitzende Blätter**.

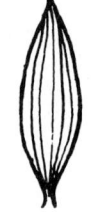

a. dikotyles Blatt   b. monokotyles Blatt

Fig. 31. Das Blatt

Formen der Blätter und des Blattrandes

Nach der Form unterscheidet man: rundliche, ovale, längliche, lineare, nadelförmige, schildförmige, durchlöcherte Blätter.

Nach dem Umriß unterscheidet man: ganzrandige, buchtige, gezahnte, gefiederte, gefingerte Blätter.

Die Blattspreite ist sehr dünn und wird durchzogen von den Gefäßbündeln, bestehend aus Holzteil (Xylem) und Siebteil (Phloëm), die sich von den Gefäßbündeln des Sprosses abgezweigt haben und sich in der Blattspreite aufs feinste bis in die äußersten Teile des Blattes verzweigen. In den Gefäßbündeln des Blattes liegt der Holzteil stets oben, der Siebteil unten. Die Gefäßbündel sind meist stärker als der Durchschnitt des Blattes und heben sich daher deutlich vom Blatte ab; sie heißen deshalb Blattnerven, Blattadern oder, wenn sie sehr stark sind, auch Blattrippen. Die Blattnerven haben eine zweifache Funktion: 1. Leitung des Wassers und der Nährsalze (im Holzteil) und Leitung der Assimilate (im Siebteil), 2. Versteifung und Verfestigung des Blattes. Bei den Dikotylen verlaufen die Blattnerven netzartig, bei den Monokotylen parallel (siehe Fig. 31!).

Bifazial oder **dorsiventral** heißt ein Blatt, wenn Ober- und Unterseite des Blattes verschieden sind.

Äquifazial oder **isolateral** heißt ein Blatt, wenn Ober- und Unterseite des Blattes gleich geschaffen sind.

Die Blätter der meisten Pflanzen sind bifazial (dorsiventral).

Innerer Bau (Querschnitt) des bifazialen Blattes (Fig. 32)

Die Blattspreite wird allseits von der einschichtigen, farblosen und mit einer Kutikula überzogenen Epidermis umschlossen. Auf der Unterseite des Blattes – nur bei den Schwimmblättern der Wasserpflanzen auf der Oberseite – ist die Epidermis von zahlreichen Spaltöffnungen durchsetzt, die in einen Interzellularraum des Blattes führen und die **Stomata** genannt werden (auf 1 Quadratmillimeter 100 bis 300 Stomata). Das Blattinnere, das sogenannte **Mesophyll**, ist ein chlorophyllhaltiges, also grüngefärbtes Parenchym und besteht aus dem oberen Palisadenparenchym und dem unteren Schwammparenchym. Das **Palisadenparenchym** besteht aus langgestreckten, dicht nebeneinander und parallel liegenden und zur Blattfläche

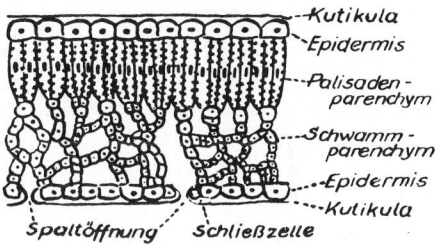

Fig. 32. Querschnitt durch
ein bifaziales (dorsiventrales) Blatt

senkrecht stehenden Zellen, den sogenannten **Palisadenzellen** (so genannt wegen ihrer palisadenähnlichen Anordnung), meist in nur einer Schicht. Das Palisadenparenchym ist der Hauptsitz der Assimilation der Kohlensäure (Photosynthese) und enthält daher die meisten Chloroplasten mit Chlorophyll (etwa 70%); es heißt deshalb auch **Assimilationsparenchym.** Die Zellen des Schwammparenchyms sind unregelmäßig gebaut und angeordnet und sind voneinander durch weite, lufterfüllte Interzellularräume getrennt (der Name Schwammparenchym wegen der Ähnlichkeit mit dem Bau eines Schwammes). Diese lufterfüllten Interzellularräume stehen einerseits untereinander und mit dem gesamten Interzellularsystem der Pflanze (vgl. Seite 22!), andererseits, und zwar die untersten, durch die Spaltöffnungen mit der Außenluft in Verbindung. Die Zellen des Schwammparenchyms enthalten ebenfalls Chloroplasten, aber bedeutend weniger. Weil also das oben gelegene Palisadenparenchym chlorophyllreicher als das unten gelegene Schwammparenchym ist, erscheint die Oberseite eines bifazialen (dorsiventralen) Blattes dunkelgrün, die Unterseite hellgrün.

Bau und Funktion der Spaltöffnungen

Die Spaltöffnungen, die eine Verbindung des Interzellularsystems der Pflanze mit der Außenluft sind, dienen der Abgabe von Wasserdampf an die Luft (Transpiration) und dem Austausch von Gasen (Aufnahme von Kohlendioxyd und Abgabe von Sauerstoff, soweit er von der Pflanze nicht selbst verbraucht wird). Jede Spaltöffnung ist stets von zwei sogenannten S c h l i e ß z e l l e n eingefaßt; dies sind abweichend von den anderen Epidermiszellen stets lebende, mit Chloroplasten(!) gefüllte, also grüngefärbte Zellen, die außerdem reichlich Stärkekörner enthalten. Diese Schließzellen haben nun die Fähigkeit, durch Veränderung ihres Turgordruckes die Spaltöffnungen zu öffnen oder zu schließen. Wenn die Schließzellen wassergesättigt sind, dann krümmen sich die beiden Schließzellen durch den größeren Turgordruck auseinander, und die Spaltöffnung erweitert sich. Wenn die Schließzellen wasserarm sind, also der Turgordruck klein ist, geht die Krümmung der Schließzellen wieder zurück, und die Spaltöffnung schließt sich. Durch die Veränderung der Spaltöffnungen wird nun natürlich auch die Abgabe von ·Wasserdampf und der Austausch von Gasen mengenmäßig verändert. Das Blatt hat also die Fähigkeit, durch seine Spaltöffnungen mit ihren Schließzellen den Gasaustausch und die Wasserverdunstung (Transpiration) zu regulieren.

Die Aufgabe der Spaltöffnungen (Stomata) ist also:

1. Regelung der Wasserverdunstung (stomatäre Transpiration),
2. Regelung des Gasaustausches.

Es findet auch eine Wasserverdunstung des Blattes durch die Kutikula hindurch statt (kutikuläre Transpiration); diese ist aber wegen der geringen Wasserdurchlässigkeit der Kutikula nur sehr gering und nicht regulierbar.

Der Bau der Schließzellen ist bei den verschiedenen Pflanzenarten verschieden. Der bei den Dikotylen und Monokotylen am meisten vorkommende Schließzellentyp ist folgender (Fig. 33.): die beiden Schließzellen sind von oben gesehen bohnenförmig. Die dem Spalt anliegende Zellwand der Schließzelle, die Bauchwand, ist verstärkt und dicker, die gegenüberliegende Rückenwand ist nicht verstärkt, also dünn und schwach. Bei zunehmendem Turgordruck wird sich daher die dünnere Rückenwand stärker dehnen als die dickere Bauchwand und dadurch eine solche Verkrümmung der beiden Schließzellen bewirken, daß sie auseinander geht und der Spalt sich mehr öffnet. Nimmt der Turgor ab, so geht natürlich die Verkrümmung wieder zurück und der Spalt schließt sich.

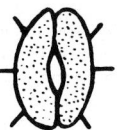 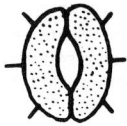

a. geschlossen:
geringer Turgor.
Schließzelle
nicht gekrümmt.

b. offen:
großer Turgor,
Schließzelle
stark gekrümmt

Fig. 33. Spaltöffnung
mit den beiden Schließzellen

Funktion der Blätter

Merke gut: Das grüne Laubblatt hat folgende Funktionen:

1. **Photosynthese,** das ist der Aufbau der Kohlehydrate aus Wasser und Kohlendioxyd (CO_2) unter Aufnahme von Lichtenergie und unter Mitwirkung des Chlorophylls.

2 **Transpiration** (Wasserverdunstung):

    a. stomatäre Transpiration, das ist die Wasserverdunstung durch die Stomata (Spaltöffnungen), bei weitem überwiegend und regulierbar.

    b. kutikuläre Transpiration, das ist die Wasserverdunstung durch die Kutikula, neben der stomatären sehr gering und nicht regulierbar.

3. **Gasaustausch:** Aufnahme von Kohlendioxyd und Abgabe des bei der Photosynthese entstandenen und von der Pflanze nicht verbrauchten Sauerstoffes.

Das Laubblatt ist also das Assimilations- und Transpirationsorgan der grünen Gefäßpflanzen. Die grüne Farbe des Blattes ist bedingt durch das grüne Chlorophyll in den Chloroplasten.

Der Bau des Blattes, nämlich die große Oberfläche und die geringe Dicke der Blattspreite, ist durch die Funktion des Blattes bedingt. Je größer die Oberfläche ist, um so stärker sind die Transpiration und der Gasaustausch und die an das Licht gebundene Photosynthese. Da nur die Oberseite des Blattes dem direkten Sonnenlichte ausgesetzt ist, so ist zwecks besserer Ausnutzung des direkten Sonnenlichtes die ganze Oberseite nur für das assimilierende Palisadenparenchym vorbehalten, und das Schwammparenchym mit den Spaltöffnungen befindet sich an der Unterseite des Blattes. Zwecks schnellen Gasaustausches zwischen der assimilierenden Oberseite und der die Kohlensäure durch die Spaltöffnungen aufnehmenden Unterseite ist die Blattdicke sehr gering.

Die Blattstellung

Die Blätter haben an jeder Pflanze eine ganz bestimmte, gesetzmäßige Stellung, die bei den verschiedenen Pflanzenarten verschieden ist. Man unterscheidet:

1. **Wirtelige** oder **quirlige Blattstellung,** wenn sich an einem Knoten mehrere Blätter befinden; man versteht unter einem **Quirl** oder **Wirtel** die Gesamtheit aller an einem Knoten sitzenden Blätter.

2. **Wechselständige Blattstellung,** auch **Schrauben-** oder **Spiralstellung** genannt, wenn an einem Knoten sich nur ein Blatt befindet.

Damit die Blätter sich so wenig wie möglich beschatten, also aus Gründen der besseren Lichtausnutzung, stehen die Blätter zweier aufeinander folgender Knoten nicht übereinander, sondern sie sind immer gegeneinander versetzt. Daher stehen bei wirteliger Blattstellung die Blätter zweier aufeinander folgender Knoten auf Lücke, und die Blätter bei wechselständiger Blattstellung sind auf einer Schrauben- oder Spirallinie angeordnet. Sehr häufig ist die **gegenständige** oder **dekussierte Blattstellung,** das ist eine wirtelige Blattstellung mit einem Wirtel von zwei gegenüberstehenden Blättern, wobei zwei aufeinanderfolgende Wirtel sind immer um 90° gegeneinander versetzt.

*Die wechselständige Blattstellung wird durch einen Bruch charakterisiert. Der Zähler des Bruches bedeutet die Zahl der Spiralumgänge von einem Blatt bis zum nächsten Blatte, das wieder senkrecht über dem ersten Blatte steht, der Nenner die Zahl der Blätter auf diesen Spiralumgängen: z. B. bedeutet wechselständige Blattstellung $^2/_3$: nach 2 Spiralumgängen kommt wieder ein Blatt, das senkrecht über dem ersten steht, und auf diesen 2 Spiralumgängen stehen 5 Blätter, d. h. das

6. Blatt steht erst wieder über dem ersten Blatt. In der Natur kommen nur folgende wechselständige Blattstellungen vor: $^1/_2$, $^1/_3$, $^2/_5$, $^3/_8$, $^5/_{13}$ usw., wobei jeder Bruch dadurch entsteht, daß man die Zähler und die Nenner der beiden vorhergehenden Brüche

$$\frac{1 + 1}{2 + 3} \quad \frac{2}{5}$$

addiert:

Die Blattstellung einer Pflanze wird auch durch das Blattdiagramm angegeben, das aus konzentrischen Kreisen besteht, auf denen die Blätter als schematische Querschnittfiguren eingetragen sind. Ein solches **Blattdiagramm** erhält man folgendermaßen: man betrachtet den Stengel von oben, zeichnet die Sproßachse als Kreismittelpunkt und die Blätter auf die Kreise, und zwar je tiefer ein Blatt sitzt, um so weiter vom Kreismittelpunkt entfernt, so daß also das höchste Blatt auf dem innersten Kreise, das tiefste Blatt auf dem äußersten

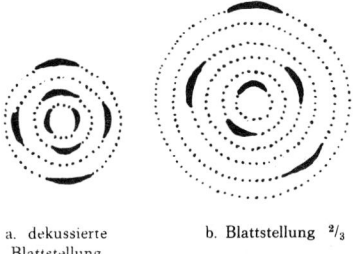

a. dekussierte   b. Blattstellung $^2/_3$
Blattstellung

Fig. 34. Blattdiagramme

Kreise liegt und gleich hochstehende Blätter, also Blätter eines Wirtels, auf demselben Kreise liegen (vgl. Fig. 34.).

7. Kapitel

Die Metamorphosen der Grundorgane

Unter Metamorphose versteht man in der Zoologie und in der Botanik etwas Verschiedenes. Unterscheide und merke sehr gut:

Metamorphose in der Zoologie ist die Umwandlung eines Tieres, bis es die Form des geschlechtlichen Tieres erreicht hat, z. B. bei dem Schmetterling: Raupe, Puppe, Schmetterling.

Metamorphose in der Botanik ist die Umwandlung der drei Grundorgane: Wurzel. Sproß, Blatt, z. B. die Umwandlung des Blattes in eine Ranke, oder die Umwandlung der Wurzel oder des Sprosses in eine Knolle.

Die Lehre von der Metamorphose der Pflanze geht auf Goethe zurück, der zuerst (1790) versucht hat, von einer Urpflanze die verschiedenen Pflanzenformen herzuleiten.

Die drei Grundorgane der Gefäßpflanze mit ihren Grundfunktionen sind:

1. Wurzel; Funktion: 1. Verankerung der Wurzel in der Erde,

   2. Aufnahme des Wassers und der Nährsalze aus dem Boden.

2. Sproß; Funktion: 1. Träger der Blätter,

   2. Stoffleitung zwischen Wurzel und Blatt.

3. Blatt; Funktion: 1. Photosynthese (Assimilation der Kohlensäure ,

   2. Transpiration (Wasserverdunstung),

   3. Gasaustausch.

Die Metamorphose eines Grundorganes der Pflanze, also seine Umwandlung, ist stets mit einer Änderung der Funktion des Grundorganes verbunden und ist bedingt durch Anpassung der Pflanze an einen besonderen Lebensraum und an besondere Lebensbedingungen, so an Trockenheit, Feuchtigkeit oder Wasser, oder zur Übernahme einer neuen Funktion, z. B. Speicherung, Fortpflanzung, Befestigung.

1. Metamorphose der Wurzel

Die wichtigsten Metamorphosen (Umwandlungen) der Wurzel sind:

1. Speicherwurzel (Knolle, Rübe),   4. Haftwurzeln bei Kletterpflanzen.

2. Luftwurzeln (Atemwurzel, Stelzwurzel),   5. Pilzwurzeln.

3. Haustorien bei Parasiten,

1. **Speicherwurzel oder Wurzelknolle** ist eine zwecks Speicherung von Nahrungsstoffen, besonders von Stärke, verdickte Wurzel. Man unterscheidet:

   Rübe, das ist eine verdickte Hauptwurzel. Echte Rüben sind Zuckerrübe und Mohrrübe. Der Rettich ist verdickte Hauptwurzel und verdicktes Hypokotyl.

   Nebenwurzelknolle, das ist verdickte Seitenwurzel oder verdickte Adventivwurzel, z. B. bei der Dahlie.

2. **Luftwurzeln** sind in der Luft befindliche Wurzeln; sie dienen zur Stütze der Pflanze (Stützwurzeln) oder zur Aufnahme von Sauerstoff (Atemwurzeln bei tropischen Sumpfbäumen).

3. **Haustorien** sind zu Saugorganen umgewandelte Wurzeln mancher Schmarotzerpflanzen (Parasiten), die in die Wirtspflanze eindringen.

4. **Haftwurzeln** sind kurze Luftwurzeln, die zur Anklammerung der Pflanze an feste Gegenstände dienen, z. B. bei dem Efeu und anderen Kletterpflanzen.

5. **Pilzwurzeln,** auch Mykorrhizen genannt, sind Wurzeln mancher Waldbäume, die durch Symbiose (Vergesellschaftung) mit Pilzen eine starke Veränderung erfah-

ren haben. Die Wurzelenden sind dick und korallenförmig verzweigt und haben keine Wurzelhaare. (Genaueres später in der Physiologie unter Symbiose).

2. Metamorphose des Sprosses

Die wichtigsten Metamorphosen (Umwandlungen) des Sprosses sind:

1. Rhizome (Wurzelstöcke),
2. Ausläufer oder Stolonen,
3. Sproßknollen,
4. Dornen,
5. Ranken (Sproßranken),
6. Windesprosse,
7. Sukkulente Sprosse,
8. Assimilationssprosse.

Merke: Einen metamorphosierten Sproß erkennt man oft daran, daß er Blätter trägt, was ein eindeutiger Unterschied gegen die Wurzel ist.

1. **Rhizome,** auch **Wurzelstöcke** genannt, sind meist unterirdische, horizontal wachsende Sprosse mit kleinen schuppenförmigen Blättern (Beweis für einen Sproß!) und mit Adventivwurzeln.

2. **Ausläufer,** auch **Stolonen** genannt, sind lange, dünne oberirdisch oder unterirdisch horizontal kriechende Sprosse mit reduzierten Blättern (!), z. B. bei der Erdbeere und der Kartoffelpflanze.

3. **Sproßknollen** sind kurze, fleischig angeschwollene, meist unterirdische Sproßteile. die als Dauerorgane und Reservestoffbehälter dienen.

Man unterscheidet:

a. Hypokotyle Knolle (gestauchtes Hypokotyl), z. B. Radieschen und Alpen- veilchen. Merke gut den Unterschied zwischen:

Rettich: gestauchte Wurzel und gestauchtes Hypokotyl an dem Wurzelteil Wurzeln (Seitenwurzeln), an dem Hypokotylteile keine Wurzeln; also Rettich zugleich Wurzelknolle und Sproßknolle.

Radieschen: reine Sproßknolle, nämlich gestauchtes Hypokotyl, daher keine Seitenwurzeln. Die primäre Rinde ist infolge der starken Dehnung geplatzt und sitzt als einzelne, trockene Fetzen auf der rot gefärbten sekundären Rinde.

b. Hypokotyl und Epikotyl, beide gestaucht; z. B. der Kohlrabi, der in spiraliger Anordnung Blätter trägt (Beweis, daß der Kohlrabi eine Sproßknolle ist!).

c. Seitensproßknolle (verdickter Seitensproß); die wichtigste ist die Kartoffel.

Die **Kartoffel** ist das verdickte, aus mehreren Internodien bestehende Ende von Stolonen (Ausläufern), also von unterirdischen Seitensprossen, und somit eine Sproßknolle. Die junge Kartoffel zeigt noch in spiraliger Anordnung (!) kleine Schuppenblättchen. Diese fallen bald ab, ihre Narben aber sind noch an der reifen Kartoffel zu sehen. In den Achseln dieser Schuppenblättchen, also ebenfalls in spiraliger Anordnung, sitzen die Achselknospen die sogenannten Augen der Kartoffel. Diese Augen treiben im nächsten Frühjahr aus und werden zu einer neuen Kartoffelpflanze. Die Kartoffel ist demnach ein Reservestoffbehälter und Dauerorgan, das zur Fortpflanzung dient. Die Kartoffelpflanze gehört wie die Tomate zur Familie der Nachtschattengewächse.

4. **Sproßdornen** sind verkürzte Sprosse, die zugespitzt und verholzt sind. Die Sproß- dornen stehen mit dem Leitungssystem des Hauptsprosses in Verbindung (Un- terschied von den Stacheln; vgl. Seite 25!). Die Dornen dienen der Pflanze

als Schutz gegen Tierfraß und treten besonders bei Pflanzen an trockenen Stand-
orten auf. Beispiele von Sproßdornen: Schlehe und Weißdorn.

Die sogenannten Dornen der Rose sind keine Dornen im botanischen Sinne, sondern Stacheln
(Emergenzen).

5. **Sproßranken** sind meist blattlose Seitensprosse bei Kletterpflanzen. Die Sproßranken
sind haptotropisch, d. h. auf Berührung empfindlich (siehe später in der Physiologie!) und dienen als Greiforgane zur Erfassung einer Stütze. Sproßranken haben z. B. der Weinstock und der wilde Wein.

6. **Windesprosse** bei windenden Pflanzen sind Sprosse mit stark verlängerten Internodien, die die Fähigkeit haben, sich um eine Stütze herumzuwinden. Die Richtung der Windung ist bei jeder Pflanze festgelegt. Es gibt rechtswindende Pflanzen (Hopfen), linkswindende Pflanzen (Bohne) und Alles-Winder (Knöterich).

7. **Sukkulente Sprosse** sind sehr stark verdickte, zur Wasserspeicherung dienende
Sprosse bei den stammsukkulenten Pflanzen, die in der günstigen regenreichen
Jahreszeit das Wasser im Stamm aufspeichern und es dann in der Trockenzeit
sparsam verbrauchen (Anpassung der Pflanze an den Wasserhaushalt). Der sukkulente Sproß (Stamm) ist oft unförmig zu einer Kugel oder Säule angeschwol-
len. Stammsukkulente Pflanzen sind viele Vertreter der neuweltlichen Kakteen.

8. **Assimilationssprosse** sind grüne, also chlorophyllhaltige Sprosse, die die Funktion
der Assimilation übernommen haben; oft sind sie abgeflacht und sehr blattähn-
lich (Flachssprosse). Man unterscheidet:

> **Kladodien,** assimilierte, grüne Langtriebe (umgewandelte Hauptachse),
>
> **Phyllokladien,** assimilierende, grüne Kurztriebe (umgewandelte Seiten-
> sprosse).

*Kladodien zeigt die Kakteenart der Opuntien. Phyllokladien hat der in Südeuropa vorkommende Mäusedorn
(Ruscus). Phyllokladien sind auch die büschelartigen Schuppen des Spargels.
Assimilationssprosse (Kladodien, Phyllokladien) treten besonders häufig bei Xerophyten auf und sind meist
auch zugleich sukkulent (z. B. bei den Kakteen). Die Blätter sind oft zurückgebildet und in Dornen verwandelt, und der Sproß hat ganz die Funktion, manchmal auch die Form eines Blattes übernommen. Man erkennt aber die Assimilationssprosse sofort daran, daß sie Blüten tragen, was bei Blättern niemals der Fall
sein kann.

3. Metamorphose des Blattes

Die wichtigsten Metamorphosen des Blattes sind:

1. Niederblätter,	6. Sukkulente Blätter,
2. Hochblätter,	7. Blätter für Tierfang,
3. Blattranken,	8. Urnenblätter,
4. Blattdornen,	9. Nischenblätter.
5. Wasserblätter,	

1. **Niederblätter** sind meist unentwickelte Blätter, die keine assimilierende Funktion
haben; solche sind z. B. die Knospenschuppen, die unentwickelte Niederblätter
sind und zum Schutze der Knospe dienen, oder die Schuppenblättchen der
Kartoffel (siehe Seite 41!) und die Zwiebelschuppen, die fleischig und zugleich
Speicherorgane sind.

*Die **Zwiebel** ist eine dicke, meist unterirdische Knospe, die aus einer sehr stark gestauchten Sproßachse mit Vegetationspunkt und daran sitzenden fleischigen Schuppenblättern besteht, und ist zugleich ein Speicherorgan, das Reservestoffe, besonders Zucker, für die junge Pflanze enthält. Beim
Treiben wächst der Sproß aus und bildet die neue Pflanze. Man unterscheidet: **Schuppenzwiebeln,**
wenn die Niederblätter schuppenförmig an der Sproßachse stehen (z. B. beim Türkenbund) und **Scha-
lenzwiebel,** wenn die Niederblätter die Sproßachse schalenförmig umhüllen (z. B. die Küchenzwiebel).

2. **Metamorphosierte Hochblätter** sind die Blütenblätter (Kelch-, Kronen- oder Blumen-, Staub- und Fruchtblättter). Merke: die wichtigste Metamorphose des Blattes und des Sprosses ist die Blüte!

Die **zweigeschlechtliche Blüte** (Fig. 35) einer bedecktsamigen Pflanze besteht aus folgenden metamorphorsierten Blättern:

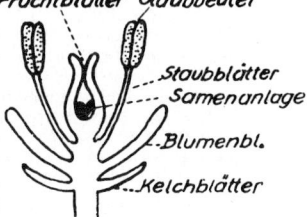

Fig. 35. Schema einer zweigeschlechtlichen Blüte

> F r u c h t b l ä t t e r, weibl. Geschlechtsorgane.
> S t a u b b l ä t t e r, männl. Geschlechtsorgane.
> K r o n e n - oder B l u m e n b l ä t t e r } Blüten-
> K e l c h b l ä t t e r } hülle

Fruchtblätter, der innerste Blütenteil, sind entweder einzeln oder mehrere zusammen röhrenförmig verwachsen und bilden den Fruchtknoten oder Stempel. Dieser trägt oben die Narbe und im Innern eine oder mehrere Samenanlagen. Die Fruchtblätter mit den Samenanlagen bilden in ihrer Gesamtheit das weibliche Geschlechtsorgan (*Gynäzeum genannt).

Staubblätter, auch **Staubgefäße** genannt, bestehen aus dem Staubfaden (Filament) und zwei Staubbeuteln (Anthere), die die Pollensäcke enthalten. Die Staubgefäße bilden in ihrer Gesamtheit das männliche Geschlechtsorgan (*Andrözeum genannt). Zwischen Fruchtblättern und Staubblättern befinden sich Honigdrüsen, Nektarien genannt, die zur Anlockung von Insekten dienen.

Kronen- oder **Blumenblätter,** meist bunt oder weiß gefärbt, bilden den Schauapparat der Blüte und dienen zum Anlocken der Insekten.

Kelchblätter, die äußersten Blütenteile, sind meist noch grün und dienten als Schutz der Blütenknospe.
Kronenblätter und Kelchblätter sind wirtelig oder spiralig angeordnet und bilden zusammen die **Blütenhülle (*das Perianth).**
Kronenblätter und Nektarien fehlen bei Blüten, deren Bestäubung nicht durch Insekten erfolgt.

In der Samenanlage entsteht die weibliche Eizelle. In den Pollensäcken entstehen die Pollenkörner. Beim Platzen der Staubbeutel werden die Pollenkörner frei, so daß sie durch Wind oder Insekten auf die Narbe übertragen werden (Bestäubung). Auf der Narbe wächst ein Pollenkorn zu einem Pollenschlauch aus, der in die Samenanlage hineinwächst und dort einen männlichen Geschlechtskern an die Eizelle abgibt (Befruchtung). Genaueres später!

3. **Blattranken** sind zu Greiforganen umgebildete Blätter mancher Kletterpflanzen (z. B. Erbse, Kürbis, Gurke). Sie dienen wie die Sproßranken zur Befestigung der Pflanze an eine Stütze und sind wie diese haptotropisch, d. h. auf Berührung empfindlich.

4. **Blattdornen** sind zu spitzen, harten Gebilden umgewandelte Blätter, die wie die Sproßdornen der Pflanze als Schutz gegen Tierfraß dienen. Blattdornen haben die Berberitze und die Kakteen.

5. **Wasserblätter** sind die ganz unter Wasser befindlichen Blätter der Wasserpflanzen; sie haben keine Spaltöffnungen (also keine Transpiration und keinen Gasaustausch) und nur eine sehr dünne Kutikula. Sie können mit ihrer ganzen Oberfläche außer Kohlendioxyd auch Nährsalze aus dem Wasser aufnehmen (also Wurzelfunktion!).

6. **Sukkulente Blätter** sind dicke, fleischige, wasserspeichernde Blätter mancher Pflanzen in Trockengebieten, z. B. Agaven, Aloëpflanzen; nur die äußersten Schich-

44

ten enthalten Chlorophyll und dienen der Assimilation, das Innere des Blattes ist farbloses Parenchym und dient zur Wasserspeicherung.

7. **Blätter für Insektenfang** haben die Insekten fressenden Pflanzen (fleischfressende oder karnivoren Pflanzen). Merke die wichtigsten:

Der heimische **Sonnentau** hat auf seinen Blättern Tentakeln (Emergenzen), die an ihrem Ende aus einem Drüsenköpfchen ein klebriges Sekret in Form eines glitzernden Tröpfchens ausscheiden (daher der Name „Sonnentau"!). Dadurch werden Insekten angelockt, bleiben an den Tentakeln kleben und werden von der Pflanze verdaut. Die **malaische Nepenthes** hat Blätter, die zu Kannen mit einem Deckel ausgebildet sind. Die Kanne ist buntfarbig und hat an ihrem Rande Honigdrüsen. Hierdurch werden die Insekten angelockt, fallen in das Innere der Kanne hinein und werden hier durch ein von Drüsen ausgeschiedenes Verdauungssekret verdaut. Die **amerikanische Venusfliegenfalle** hat ihre Blätter zu Fangklappen ausgebildet. Die beiden Blatthälften eines solchen Blattes sind kammartig gezähnt, und bei Berührung durch ein Insekt klappen sie plötzlich zusammen. Das dadurch eingefangene Insekt wird dann ebenfalls durch ein von Drüsen ausgeschiedenes Verdauungssekret verdaut.

8. **Urnenblätter** haben manche Epiphyten, das sind auf Bäumen wachsende autotrophe Pflanzen. In diesen Urnenblättern bildet sich Humus und sammelt sich Wasser, was den Nährboden für eine in die Urne hineingewachsene Wurzel bildet.

9. **Nischenblätter**, ebenfalls mit Humus gefüllt, sind bei einigen Farnen zu finden.

Homologie und Analogie

Homologe Organe sind Organe, die gleichen Ursprung, aber verschiedene Funktion haben, z. B. Laubblätter, Blütenblätter, Blattranken, die alle aus Blattanlagen entstehen.

Analoge Organe sind Organe, die gleiche Funktion, aber verschiedenen Ursprung haben, z. B. Blattranken und Sproßranken, Blattdornen und Sproßdornen, Wurzelknolle und Sproßknolle.

Die analogen Speicherorgane der Pflanze:

Rübe (Zuckerrübe, Mohrrübe): Wurzelknolle und zwar verdickte Hauptwurzel.

Rettich: verdickte Hauptwurzel und verdicktes Hypokotyl, also zugleich Wurzel- und Sproßknolle: am Wurzelteil noch Seitenwurzeln.

Radieschen: reine Sproßknolle, gestauchtes und verdicktes Hypokotyl, daher keine Seitenwurzel.

Kartoffel: reine Sproßknolle, nämlich verdicktes, mehrere Internodien langes Ende von Ausläufern (Stolonen), daher Schuppenblättchen und Achselknospen (Augen der Kartoffel) in spiraliger Anordnung.

Kohlrabi: reine Sproßknolle, verdicktes Hypokotyl und Epikotyl, daher Blätter in spiraliger Anordnung.

Zwiebel: dicke Knospen, bestehend aus einem sehr gestauchten Sprosse mit verdickten, fleischigen Niederblättern.

8. Kapitel

Das Wachstum der Pflanze

Wachstum der Pflanze ist die bleibende Gestaltsänderung und Größenzunahme der Pflanze, die gewöhnlich mit einer Volumen- und Substanzzunahme verbunden sind.

Das Wachstum ist nicht immer mit einer Substanzzunahme verbunden. Wenn z. B. die Keimpflanze wächst, so nimmt zunächst das Gesamtgewicht des keimenden Samens ab. Auch eine grüne Pflanze kann im Finstern ohne Ernährung, also ohne Substanzzunahme, wachsen.

Das Wachstum der Pflanze wird bewirkt durch das Wachstum der Zelle.

Das Wachstum der Zellen

Das Wachstum der Zelle erfolgt in folgenden drei zeitlich aufeinander folgenden Phasen:

1. **Embryonales Wachstum**, besteht aus:

   a. **Zellteilung** (zuerst Teilung des Kerns und daran anschließend Teilung des Plasmas und der Plastiden und Ausbildung einer neuen Zellwand, siehe Seite 15!).

   b. **Vermehrung der Plasma- und Kernsubstanz** durch Aufnahme von unspezifischen Nährstoffen und Umwandlung dieser Stoffe in die zelleigenen Stoffe (Eiweiß, Lipoide u. a.).

2. **Streckungswachstum der Zelle**, das ohne Vermehrung der Plasma- und Kernsubstanz in einer großen Volumenzunahme der Zelle durch Wasseraufnahme und Ausbildung der Vakuolen besteht, wobei auch die Zellwand vergrößert wird.

3. **Differenzierungswachstum der Zelle**, das in einer endgültigen Ausgestaltung der Zelle zum Zwecke ihrer besonderen Funktion besteht.

   Die Ausdifferenzierung besteht z. B. in der Verholzung der Gefäßbündel und Sklerenchymfasern, der Verdickung der Zellwände, in der Ausbildung der verschiedenen Gewebsarten, usw.

Man unterscheidet folgende Arten des Wachstums der Pflanze:

1. Apikales oder Spitzenwachstum,
2. Interkalares Wachstum.

1. Apikales oder Spitzenwachstum

Apikales oder Spitzenwachstum ist das Wachstum an den Vegetationspunkten, der Wurzel und des Sprosses, also an der Wurzelspitze oder an der Sproßspitze und das Wachstum der Knospen.

Bei den meisten niederen Pflanzen besteht der Vegetationspunkt in einer einzigen sich teilenden embryonalen Zelle, die **Scheitelzelle** heißt (s. S. 23!).

Bei allen höheren Pflanzen besteht der Vegetationspunkt aus mehreren Urmeristemzellen, den sogenannten **Initialzellen,** die in mehreren Stockwerken den **Vegetationskegel** bilden. Das Spitzenwachstum der Pflanzen ist, solange die Pflanze lebt, zeitlich unbegrenzt (Unterschied der Pflanze von dem Tiere!).

2. Interkalares Wachstum

Interkalares Wachstum ist das Wachstum der Pflanze nicht an den Spitzen, sondern in Zonen zwischen völlig ausgewachsenen, fertigen Geweben. Solches interkalares Wachstum tritt ein beim Blattstiel zwischen Blattgrund und Blattspreite oder bei den Gräsern in den untersten Internodienteilen bei dem Ährenschieben kurz vor dem Blühen. Ein interkalares Wachstum, und zwar in den Knoten, bewirkt auch das Aufrichten von daniederliegenden Getreidehalmen.

Ferner hat man bei der Pflanze Längenwachstum und Dickenwachstum zu unterscheiden. Das **Längenwachstum** besteht in der Zunahme der Höhe, das **Dickenwachstum** in der Zunahme des Sproßumfanges. Beim Dickenwachstum unterscheidet man noch:

   a. **Primäres Dickenwachstum,** das mit dem Längenwachstum der Pflanze verbunden ist und darin besteht, daß die meristematischen Zellen sich bei der infolge des Streckungswachstums eintretenden Volumenzunahme nicht nur in die Länge strecken, sondern auch in ihrem Umfange zunehmen. Primäres Dickenwachstum zeigen alle Pflanzenarten.

b. **sekundäres Dickenwachstum,** das durch Zellteilung des faszikulären und interfaszikulären Kambiums bewirkt wird und vor allem bei den Nadelhölzern und den dikotylen Laubhölzern erfolgt.

Sekundäres Dickenwachstum

Bei den Nadelhölzern und dikotylen Laubhölzern, die beide offene kollaterale Leitbündel (S. 28) haben, teilen sich die meristematischen Zellen des Kambiumringes, der aus dem faszikulären und dem interfaszikulären Kambium (S. 33) besteht, in tangentialer Richtung und erzeugen so in radialer Richtung nach innen und außen neue Zellen, wodurch der Umfang des Stammes zunimmt (Fig. 36). Das faszikuläre Kambium liefert durch fortgesetzte Teilung nach innen neuen Holzteil (Xylem) mit Gefäßen, nach außen neuen Siebteil (Phloëm) mit Siebröhren, so daß der Holzteil dauernd zunimmt und der Kambiumring und der Siebteil weiter nach außen gedrängt werden. Das interfaszikuläre Kambium erzeugt durch Teilung nach innen und außen neues parenchymatisches Markgewebe, wodurch die Markstrahlen (s. S. 33!) in radialer Richtung nach außen hin wachsen und dauernd die Verbindung zwischen Mark und Rinde aufrechterhalten. In allen nichttropischen Zonen, so auch in unserer Zone, wird das Dickenwachstum im Herbst unterbrochen und beginnt erst wieder im Frühjahr und dauert bis gegen den Herbst. Im Frühjahr aber, wenn die Säfte in den Bäumen in die Höhe steigen und die Bäume deshalb einen großen Wasserbedarf haben, werden von dem Kambium sehr w e i t l u m i g e Gefäße angelegt, im Sommer aber werden die weiterhin angelegten Gefäße immer enger und enger, bis sie dann im Herbst das kleinste Volumen erreicht haben. Wenn dann im nächsten Frühjahr das Dickenwachstum erneut einsetzt, so werden wieder zunächst weitlumige Gefäße angelegt, so daß ein plötzlicher und deutlich erkennbarer Übergang von dem englumigen Spätholz des vergangenen Jahres zu dem weitlumigen Frühjahrsholz des nächsten Jahres entsteht, während der Übergang von dem weitlumigen Frühjahrsholz zu dem englumigen Spätholz allmählich erfolgt (Fig. 36). Dieser plötzliche Übergang von dem englumigen Spätholz zu dem weitlumigen Frühjahrsholz des nächsten Jahres ist in dem Querschnitt eines Baumstammes mit bloßem Auge wahrnehmbar und zeichnet sich als konzentrische Ringe ab, die, weil in jedem Jahr ein neuer Ring entsteht, **Jahresringe** heißen. Aus der Zahl der Jahresringe läßt sich daher das Alter eines Baumes bestimmen.

An manchen Stellen erzeugt das faszikuläre Kambium nicht Holzteil und Siebteil, sondern parenchymatisches Markgewebe, wodurch neue Markstrahlen ebenfalls in radialer Richtung entstehen, die **sekundäre Markstrahlen** heißen, während die ursprünglich vorhandenen Markstrahlen als **primäre Markstrahlen** bezeichnet werden. Die sekundären Markstrahlen haben aber nicht wie die primären Markstrahlen eine Verbindung mit dem Mark, sondern enden blind im Holzteil (siehe Fig. 36!).

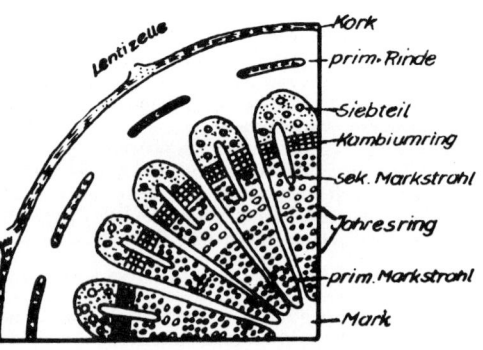

Fig. 36. Querschnitt durch einen älteren Stamm mit Jahresringen

Die Markstrahlen, die aus lebenden Parenchymzellen bestehen, stellen eine Verbindung zwischen den lebenden Holzteilen und den lebenden Rindenteilen her und haben die Aufgabe, die lebenden Holzteilen mit organischen Stoffen (Assimilaten) zu versorgen. Außerdem sind sie, da sie sehr reich an Stärke und Eiweiß sind, ein Reservestoffspeicher der Pflanze, der besonders im Frühjahr die für den Aufbau der Blätter nötigen Stoffe liefert.

Durch die Kambiumtätigkeit wird also der Holzteil dauernd vergrößert. Die älteren nach innen zu gelegenen Gefäße sterben aber ab, werden verstopft und meist mit Gerbstoffen ausgefüllt und ergeben das tote **Kernholz.** Das aus den letzten Jahresringen bestehende Holz, das noch lebende Zellen enthält und dessen Gefäße zum größten Teil noch nicht verstopft sind und daher noch Wasser leiten, heißt das **Splintholz** oder der **Splint.** Das Kernholz ist fester und meist auch dunkler als das Splintholz.

Folgen des sekundären Dickenwachstums

Durch die Tätigkeit des faszikulären Kambiums wird der Holzteil eines Baumes dauernd vergrößert und der Kambiumring immer weiter nach außen geschoben. Infolgedessen erfahren alle außerhalb des Kambiumringes liegenden Sproßteile (Siebteil, Bast, primäre Rinde, Epidermis) eine starke Dehnung. Die Epidermis zerreißt bald und fällt ab. Um die Epidermis zu ersetzen, tritt in der äußersten Rindenschicht, meist dicht unter der Epidermis, ein sekundäres Meristem, das **Korkkambium (*Phellogen)** in Tätigkeit, das nach außen den Kork abscheidet und nach innen grüne Rindenzellen, das **Phelloderm,** bildet. Das gesamte aus Kork, Korkkambium und Phelloderm bestehende Gewebe wird als **Periderm** bezeichnet. Die Korkschicht ist gewöhnlich nicht sehr stark. Eine außerordentlich starke Korkschicht hat aber die in Spanien wachsende Korkeiche, aus deren Kork der Flaschenkork hergestellt wird. Der Kork ist luft- und wasserundurchlässig, ist aber an einzelnen Stellen durch linsenförmige Öffnungen unterbrochen, die **Lentizellen** heißen. Diese Lentizellen dienen zum Gasaustausch, sind aber nicht wie die Spaltöffnungen (Stomata) der Blätter regulierbar. Das erste Korkkambium stirbt aber nach einiger Zeit ab, und in tieferer Rindenschicht entsteht ein neues Korkkambium (Phellogen), das ein neues Periderm erzeugt. Dies wiederholt sich im Laufe der Jahre des öfteren. Alle außerhalb der innersten Korkschicht liegenden Gewebe sterben ab, da sie durch die Korkschicht von jeder Stoffzufuhr abgeschnitten sind, werden durch die zunehmende Dehnung aufgerissen und bilden dann die Borke. **Borke** ist also die äußerste tote Gewebsschicht älterer Bäume und besteht aus totem Korkgewebe und abgestorbenem Rindenparenchym. Alles Gewebe, das zwischen dem Kambiumring und dem Periderm liegt wird als **sekundäre Rinde** bezeichnet. Die sekundäre Rinde besteht also aus Siebröhren, Bastfasern und Parenchym, während die ursprüngliche primäre Rinde (Seite 33) ein leitbündelfreies parenchymatisches Gewebe, mit Kollenchym oder Sklerenchym durchsetzt, war.

Sekundäres Dickenwachstum kann nur bei Nadelhölzern und dikotylen Laubhölzern eintreten. Daher zeigen die monokotylen Bäume, wie z. B. die Palmen, kein sekundäres Dickenwachstum. Eine Dickenzunahme bei den Monokotylen beruht nicht auf Kambiumtätigkeit, sondern auf einer Volumenzunahme der Parenchymzellen. Eine Ausnahme aber machen die baumartigen Liliacëen (z. B. Drachenbaum), die ebenfalls ein Dickenwachstum haben. Das Dickenwachstum dieser Monokotylen besteht aber darin, daß in der Rindenschicht ein Kambiumring entsteht, der ganze geschlossene Leitbündel entstehen läßt.

Die Wurzeln der Nadelhölzer und der dikotylen Laubhölzer zeigen ebenfalls sekundäres Dickenwachstum wie der Sproß.

9. Kapitel

Fortpflanzung und Entwicklung der Pflanze

Jedes Lebewesen entsteht immer nur aus Seinesgleichen, also nur aus einem Lebewesen. Die Lehre von der jederzeit möglichen **Urzeugung** (Aristoteles), d. h. die Annahme, daß Leben auch aus toter Substanz entstehen kann, ist endgültig von Pasteur (1860) erledigt worden.

Fortpflanzung ist die Entstehung neuer Pflanzen (Tochterpflanzen) aus der Mutterpflanze.

Es gibt folgende Arten der Fortpflanzung in der Pflanzenwelt:

A. **Vegetative oder ungeschlechtliche Fortpflanzung** und zwar

1. durch Teilung, nur bei den niedersten einzelligen Pflanzen (Bakterien, Spaltalgen),

2. durch Sporen, das sind Einzelzellen, von denen sich jede einzeln zu einer neuen Pflanze entwickeln kann,

3. durch Brutkörper, das sind ganze Teile (Gewebsstücke) einer Pflanze, die, von der Mutterpflanze losgelöst, sich zu einer neuen Pflanze entwickeln; solche Brutkörper sind:

   a. Ausläufer (Stolonen), z. B. bei der Erdbeere (Seite 41),

   b. Sproßknolle, z. B. Kartoffel (Seite 41),

   c. Zwiebel (Seite 42),

   d. Stecklinge, z. B. beim Weinstock,

   e. Brutknospen.

B. **Geschlechtliche oder sexuelle Fortpflanzung;** diese besteht in der Vereinigung zweier Einzelzellen, der sogenannten **Geschlechtszellen** oder **Gameten,** die sich allein, d. h. ohne Vereinigung, nicht zu einer neuen Pflanze entwickeln können (Ausnahme: die Parthenogese; siehe später!).

Die meisten Pflanzen, insbesondere alle höheren Pflanzenarten, pflanzen sich auf beide Arten, auf vegetativer und auf geschlechtlicher, fort. Die geschlechtliche Art der Fortpflanzung fehlt nur einigen niedrigsten Pflanzenarten, nämlich den Bakterien[1] und Spaltalgen.

Keim heißt jeder Teil der Pflanze, der sich zu einer neuen Pflanze entwickeln kann. Sporen und Gameten (Geschlechtszellen) sind einzellige Keime, die Brutkörper (Ausläufer, Sproßknolle, Zwiebel, Steckling, Brutknospen) und Samen sind mehrzellige Keime.

Die Fortpflanzung durch Sporen

Sporen sind Einzelzellen, die sich von der Mutterpflanze loslösen und von denen sich jede einzeln, d. h. ohne Vereinigung mit einer anderen, zu einer neuen Pflanze entwickeln kann. Die Fortpflanzung durch Sporen ist also eine vegetative (ungeschlechtliche).

Es gibt zwei Arten von Sporen:

1. **Exosporen** (Konidien), die aus der Mutterpflanze durch Sprossung (s. S. 19!) entstehen und sich von der Mutterpflanze loslösen, so bei vielen Pilzen,

2. **Endosporen** (Sporangiensporen), die in besonderen Behältnissen, die **Sporangien** heißen, entstehen und sich nach dem Platzen der Sporangienwand

[1] Nach neuesten Forschungsergebnissen kommt eine sexuelle Kopulation (Genaustausch) vereinzelt auch bei Bakterien vor.

von der Mutterpflanze loslösen, so bei anderen Pilzen, bei Algen, Moosen, Farnen und Samenpflanzen.

Außerdem unterscheidet man bewegliche und unbewegliche Sporen. Die beweglichen Sporen werden auch **Schwärmsporen** oder **Zoosporen** genannt; sie sind nackt, d. h. ohne Zellmembran, sind aber begeißelt und können sich mit Hilfe der Geißel aktiv im Wasser fortbewegen. Die unbeweglichen Sporen werden durch den Wind verbreitet; sie sind unbegeißelt, haben eine feste Membran und sind sehr widerstandsfähig gegen Austrocknung.

Die geschlechtliche (sexuelle) Fortpflanzung

Das Wesentliche der geschlechtlichen (sexuellen) Fortpflanzung besteht darin, daß erst durch die Verschmelzung zweier Zellen sich ein neues Individium bilden kann. Die Einzelzellen, durch deren Vereinigung die neue Pflanze entsteht, heißen **Gameten** oder **Geschlechtszellen**. Der eine Gamet ist der männliche (♂), der andere Gamet der weibliche (♀). Die Gameten werden in besonderen Organen erzeugt, die **Gametangien** heißen. Ein Gametangium liefert immer nur eine Art von Gameten, entweder männliche oder weibliche. Die Verschmelzung zweier Gameten (Geschlechtszellen) zu einer einzigen Zelle heißt **Kopulation** oder **Befruchtung,** das Verschmelzungsprodukt zweier Gameten, also die durch Kopulation entstandene Zelle, woraus sich die neue Pflanze entwickelt, heißt **Zygote.** Das Wesentliche der Verschmelzung zweier Geschlechtszellen, also der Befruchtung (Kopulation), besteht nun in der Verschmelzung der Kerne (!) der beiden Geschlechtszellen. Die Verschmelzung der Kerne erfolgt stets so, daß sich die Chromosomen (Seite 17) der beiden Kerne zu einem neuen Kern zusammenlagern, wobei aber die Chromosomen selbst nicht miteinander verschmelzen, so daß also der neue Kern den doppelten Chromosomensatz (2n) hat, also diploid ist, während die Geschlechtszellen (Gameten) haploid waren. Daher ist die Zygote und die aus der Zygote entstandene neue Pflanze diploid. Damit nun aber wieder haploide Gameten entstehen, muß bei jeder geschlechtlichen Fortpflanzung eine Reduktions- oder Reifeteilung stattfinden (s. S. 18!).

Die Gameten sind bei den verschiedenen Pflanzenarten verschiedenartig. Die männlichen und weiblichen Gameten können einander gleich oder verschieden, beweglich oder unbeweglich sein. Man hat daher folgende Fälle:

1. Isogamie

Isogamie liegt vor, wenn männliche und weibliche Gameten äußerlich einander gleich, also gleich groß und gleich gestaltet sind; sie heißen dann **Isogameten**. Die Isogameten sind aber physiologisch verschieden. Sie sind ferner beide begeißelt, im Wasser beide aktiv beweglich und suchen sich im Wasser zwecks Kopulation gegenseitig auf.

Die physiologische Verschiedenheiten der Isogameten zeigt sich darin, daß nicht zwei beliebige Gameten verschmelzen, sondern immer nur zwei bestimmte, so daß man also auch hier von männlichen und weiblichen sprechen kann. Die physiologisch verschiedenen Gameten entspringen verschiedenen Gametangien. Die Gameten desselben Gametangiums sind physiologisch gleich.

2. Anisogamie (Heterogamie)

Anisogamie (Heterogamie) liegt vor, wenn männliche und weibliche Gameten verschieden groß sind; man unterscheidet dann:

Mikrogamet (♂), das ist der kleinere, männliche Gamet,

Makromagnet (♀), das ist der größere, weibliche Gamet.

Beide Gameten, Mikrogamet und Makrogamet, sind begeißelt und im Wasser aktiv beweglich. Der Makrogamet ist reich an Reservestoffen.

3. Oogamie oder Eibefruchtung

Oogamie (Eibefruchtung) liegt vor, wenn der weibliche Makrogamet unbeweglich und zur Eizelle geworden ist. Man unterscheidet dann:

Eizelle (♀), das ist der unbewegliche weibliche Makrogamet, sehr reich an Reservestoffen,

Spermatozoid (♂), auch **Spermium** genannt, das ist der bewegliche, meist sehr stark reduzierte Mikrogamet, der die Eizelle aufsucht.

Spermatozoid und Eizelle werden in verschiedenen Organen erzeugt. Merke:

Antheridium (♂) ist das männliche Geschlechtsorgan, in dem die Spermatozoiden in großer Zahl entstehen. Durch Platzen der Wand gelangen die Spermatozoiden ins Freie und suchen auf dem Wasserwege die Eizelle auf.

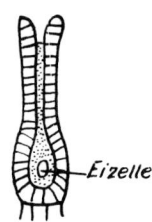

Archegonium (♀) ist das weibliche Geschlechtsorgan, in dem die Eizelle, gewöhnlich in Einzahl, entsteht. Das Archegonium ist ein flaschenförmiges Gebilde (Fig. 37).

Wenn das weibliche Geschlechtsorgan nur aus einer Zelle besteht, heißt es **Oogonium.**

Spermatozoid und Eizelle sind wie alle Gameten haploid (n). Befruchtete Eizelle und die daraus entstehende Pflanze ist diploid (2n).

Bei manchen Pflanzen kommt es vor, daß die Eizelle ohne Befruchtung sich zu einer neuen Pflanze entwickeln kann, sogenannte **jungfräuliche Zeugung** oder **Parthenogenese.** In diesem Falle aber unterbleibt die Reduktionsteilung, so daß die unbefruchtete Eizelle diploid ist.

Fig. 37. Archegonium von Moosen

Die männlichen und weiblichen Geschlechtszellen werden stets in besonderen Organen, den männlichen und weiblichen Geschlechtsorganen, gebildet. Bei den einen Pflanzenarten sind die männlichen und weiblichen Geschlechtsorgane auf verschiedenen Pflanzen, bei den anderen Pflanzenarten auf derselben Pflanze. Man unterscheidet demnach:

Getrenntgeschlechtige oder **zweihäusige (diözische) Pflanzen,** bei denen sich die männlichen und weiblichen Geschlechtsorgane an verschiedenen Pflanzen befinden.

Gemischtgeschlechtige, einhäusige (monözische) oder **zwittrige Pflanzen,** bei denen sich die männlichen und weiblichen Geschlechtsorgane an derselben Pflanze befinden.

Im Pflanzenreich findet nun aufsteigend von niederen zu höheren Pflanzen eine Entwicklung von der Isogamie über die Anisogamie zur Oogamie statt. Bei den höchsten Pflanzen liegt Oogamie vor. Ein schönes Beispiel für diese Entwicklung ist die Gattung Chlamydomonas, einer Gattung der Flagellaten (begeißelten Einzellern). Die niedrigste Art hat nur vegetative (ungeschlechtliche) Fortpflanzung durch Teilung. Die höhere Art hat außer der ungeschlechtlichen Fortpflanzung eine geschlechtliche Fortpflanzung durch Isogameten, die nächsthöhere durch Anisogamie und die höchste durch Oogamie.

Generationswechsel

Die geschlechtliche Fortpflanzung ist bei einer Pflanze stets mit der ungeschlechtlichen verbunden, d. h. die Pflanze pflanzt sich abwechselnd ungeschlechtlich durch Sporen und geschlechtlich durch Gameten fort; dieser Wechsel heißt **Generationswechsel.** Merke gut:

Generationswechsel heißt der bei höheren Pflanzen, z. B. bei Moosen, Farnen, auftretende regelmäßige Wechsel von ungeschlechtlicher (vegetativer) und geschlechtlicher (sexueller) Fortpflanzung, d. h. der regelmäßige Wechsel einer Generation mit vegetativer Fortpflanzung durch Sporen und einer Generation mit geschlechtlicher Fortpflanzung durch Gameten. Es heißt dann:

Sporophyt die Pflanze, die sich durch Sporen fortpflanzt. also Sporen bildet,

Gametophyt die Pflanze, die sich durch Gameten fortpflanzt. also Gameten bildet.

Der Sporophyt erzeugt Sporen. Jede einzelne Spore entwickelt sich zum Gametophyten. Die Gametophyten erzeugen Gameten, männliche ($\male$) und weibliche ($\female$, die zur Zygote verschmelzen. Aus der Zygote bildet sich wieder der Sporophyt. Also

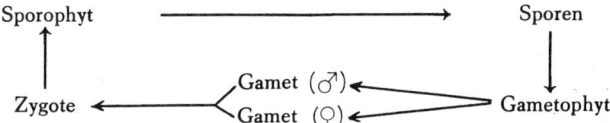

Mit dem Generationswechsel ist aber stets ein Kernphasenwechsel (Seite 18) verbunden, der folgendermaßen vor sich geht: Die Gameten sind haploid. Durch Verschmelzung zweier haploider Gameten entsteht die diploide Zygote, und aus der diploiden Zygote entwickelt sich der ebenfalls diploide Sporophyt. Die Reduktion des diploiden Chromosomensatzes erfolgt stets beim Sporophyten im Sporangium, indem die sogenannte Sporenmutterzelle eine Reifeteilung (Seite 18) durchmacht und dadurch aus der diploiden Sporenmutterzelle vier haploide Sporen entstehen. Die haploiden Sporen entwickeln sich zum haploiden Gametophyten, dieser erzeugt haploide Gameten. Zwei haploide Gameten verschmelzen zu einer diploiden Zygote, aus der sich wieder der diploide Sporophyt entwickelt. Merke also: **Sporen, Gametophyt und Gameten sind stets haploid, Zygote und Sporophyt sind stets diploid.** Man nennt eine Pflanze mit diploiden Kernen einen **Diplonten**, eine Pflanze mit haploiden Kernen **Haplonten**. Sporophyten sind stets Diplonten, Gametophyten sind stets Haplonten. Die Reduktion des diploiden Chromosomensatzes findet stets beim Sporophyten durch Reifeteilung der Sporenmutterzelle statt, und durch Verschmelzung zweier haploider Gameten zur diploiden Zygote entsteht wieder aus dem haploiden Chromosomensatz der diploide Chromosomensatz. Merke also gut:

Generationswechsel

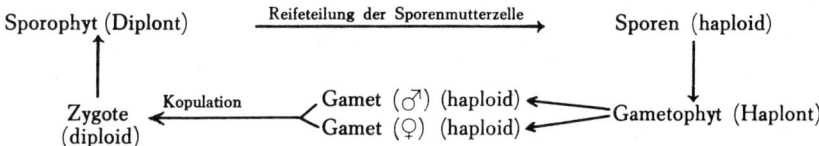

Ein Generationswechsel findet bei den meisten Algen statt, ferner bei Moosen und Farnen, nur haben Moose und Farne stets Oogamie. Auch die Blüten- oder Samenpflanzen haben, wie im Folgenden noch gezeigt wird, einen Generationswechsel, nur ist' dieser äußerlich nicht sichtbar.

Auch im Tierreich kommt ein Generationswechsel vor, aber nur bei niederen Tieren, so bei Einzellern (besonders bei Sporozoen wie beim Plasmodium, dem Erreger der Malaria), bei Coelenteraten (Polyp und Meduse) und bei manchen Würmern.

Merke gut den Generationswechsel der Moose und Farne!

52

Generationswechsel der Moose

Bei den Moosen keimen die haploiden Sporen zu einem thallusähnlichen Zellfaden, der **Protonema** oder **Vorkeim** heißt. Aus diesem wächst durch Knospen das grüne Moospflänzchen, das also der Gametophyt ist. Die grünen Moospflänzchen tragen entweder an derselben Pflanze (zwittrig, einhäusig) oder an verschiedenen Pflanzen (getrenntgeschlechtlich, zweihäusig) die Geschlechtsorgane, die männlichen Antheridien und das weibliche Archegonium. Die begeißelten Spermatozoiden (haploid) gelangen nach dem Platzen des Antheridiums auf dem Wasserwege (Tau, Regen), chemotaktisch (durch Zucker) angelockt, in das Archegonium und verschmelzen dort mit der haploiden Eizelle. Die befruchtete Eizelle (diploid) keimt zu einem fadenförmigen, erst grünlichen, dann braunen Pflänzchen, dem Sporophyten (diploid) aus, das auf dem Boden des Archegoniums sitzenbleibt. Die Spitze dieses kleinen Pflänzchens, das auch **Sporogon** genannt wird, vergrößert sich zur Sporenkapsel (Mooskapsel), und in dieser Sporenkapsel entstehen aus den Sporenmutterzellen durch Reifeteilung vier haploide Sporen, die nach Platzen der Sporenkapsel vom Winde verstreut werden und wieder zum Protonema und grünen Moospflänzchen auskeimen. Merke: **B e i d e n M o o s e n i s t d a s P r o t o n e m a u n d d i e g r ü n e M o o s p f l a n z e d e r G a m e t o p h y t , d a s e r s t g r ü n l i c h e , d a n n b r a u n e P f l ä n z c h e n (S p o r o g o n) i s t d e r S p o r o p h y t !** Das Sporogon kann zwar, da es grün ist, assimilieren, erhält aber seine Nährsäfte in der Hauptsache von dem Gametophyten.

Generationswechsel der Farne

Der Generationswechsel der Farne ist ähnlich dem der Moose. Die haploiden Sporen keimen zu einem kleinen, einige Zentimeter langen, herzförmigen Gebilde aus, das **Prothallium** heißt und der Gametophyt (haploid) ist. Das Prothallium trägt an der Unterseite Antheridien und Archegonien. Die Spermatozoiden gelangen wieder, chemotaktisch (durch Äpfelsäure) angezogen, auf dem Wasserwege (Regen, Tau) in die Archegonien und verschmelzen dort mit der Eizelle. Aus der befruchteten Eizelle (diploid) entwickelt sich das bekannte grüne Farnkraut, das also der Sporophyt (diploid) ist. An der Unterseite der Farnwedel befinden sich die Sporangien, in denen aus der Sporenmutterzelle durch Reifeteilung die haploiden Sporen entstehen. Durch plötzliches Aufspringen der Sporangien werden die Sporen weggeschleudert und entwickeln sich wieder zu selbständigen Pflänzchen, den Prothallien. Merke also: **P r o t h a l l i u m i s t d e r h a p l o i d e G a m e p h y t , d a s g r ü n e F a r n k r a u t i s t d e r d i p l o i d e S p o r o p h y t .**

Merke den Unterschied zwischen Moosen und Farnen:

Moose	**Farne**
Gametophyt (Protonema + grünes Moospflänzchen) ist groß und autotroph. Sporophyt (das Sporogon) ist klein und überwiegend heterotroph.	Gametophyt (herzförmiges Prothallium) ist klein und autotroph. Sporophyt (grünes Farnkraut) ist groß und autotroph.

Weiterentwicklung zu den Samenpflanzen

Unter den Farnen gibt es Farne, deren Sporophyt, die grüne Farnpflanze, zweierlei Blätter hat, nämlich Blätter, die Sporangien tragen, und Blätter, die keine Sporangien tragen. Die Sporangien tragenden Blätter werden **Sporophylle** (Einzahl: das Sporophyll) genannt. Solche Sporophylle sind dann häufig zu besonderen Sporophyllständen, die Blüten genannt werden, vereinigt. Bei manchen Farnpflanzen, z. B. bei Selaginella, trägt der Sporophyllstand zwei verschiedene Arten von Sporangien, **Mikrosporangien** und **Makrosporangien,** die verschiedene Arten von Sporen, nämlich **Mikrosporen** und **Makrosporen,** bilden. Aus der Mikrospore entwickelt sich das männliche Prothallium mit den Antheridien, die die Spermatozoiden bilden. Aus der Makrospore entwickelt sich das weibliche Prothallium mit den Archegonien, in denen die Eizelle entsteht. Diese Heterosporie leitet hinüber zu den Blüten- und Samenpflanzen.

Fortpflanzung der Blüten- oder Samenpflanzen

Ein Generationswechsel ist bei den Blüten- oder Samenpflanzen noch vorhanden, aber der Gametophyt ist so stark reduziert und so winzig klein, daß er, vom Sporophyten dauernd umschlossen, gar nicht sichtbar in Erscheinung tritt und daß die höhere Pflanze im wesentlichen nur den Sporophyten darstellt. Die Blüte (wiederhole Seite 43!) ist nämlich ein Sporophyllstand. Die Mikrosporophylle (♂), d. h. die Mikrosporangien tragenden Sporophylle, sind die Staubblätter, die Mikrosporangien sind die Pollensäcke, und die Mikrosporenmutterzelle heißt hier **Pollenmutterzelle,** aus der durch Reduktionsteilung als Mikrosporen die haploiden Pollenkörner entstehen; also die Pollenkörner sind Mikrosporen. Die Fruchtblätter sind Makrosporophylle (♀), d. h. nur Makrosporangien tragende Sporophylle. Die Samenanlagen sind Makrosporangien und die Makrosporenmutterzelle heißt hier **Embryosackmutterzelle.** Aus der Embryosackmutterzelle entstehen durch Reduktionsteilung vier haploide Zellen (Makrosporen), von denen jedoch drei zu Grunde gehen und nur eine übrig bleibt, die **Embryosack** heißt und also eine Makrospore ist. Der Embryosack entwickelt sich zu einem Prothallium mit einer oder mehreren Eizellen. Der Inhalt des Embryosackes mit der Eizelle stellt also den weiblichen Gametophyten dar. Die Pollenkörner (Mikrosporen) werden durch Wind oder Insekten auf das weibliche Organ übertragen (sogenannte **Bestäubung)** und wachsen hier zum Pollenschlauch aus, der also den männlichen Gametophyten darstellt. Dieser Pollenschlauch entläßt aber nicht mehr bewegliche Gameten (Spermatozoiden), sondern dringt bis zum Embryosack, entläßt hier nur den Kern des männlichen Gameten und dieser Kern verschmilzt mit der Eizelle (**Befruchtung).** Aus der befruchteten Eizelle entsteht noch auf der Mutterpflanze die junge Tochterpflanze, der Embryo. Der Embryo unterbricht aber sein Wachstum, wird in die verdickte Wand der Samenanlage eingehüllt und dann als Same von der Pflanze abgestoßen.

Bei den Blüten- und Samenpflanzen liegen also ebenfalls beide Generationen: Sporophyt und Gametophyt vor, nur ist der Sporophyt, das ist die grüne Pflanze, noch weiter entwickelt, und der Gametophyt noch weiter reduziert und zwar der männliche Gametophyt auf den männlichen Pollenschlauch und der weibliche Gametophyt auf den Inhalt des Embryosackes. Ferner sind die männlichen Gameten nicht mehr bewegliche Spermatozoiden, sondern nur Kerne, die von dem Pollenschlauch entlassen werden, wodurch die Befruchtung vom Wasser unabhängig ist. Nur bei einigen nacktsamigen Pflanzen, z. B. bei dem japanischen Ginkgobaum, entläßt der Pollenschlauch noch bewegliche Spermatozoiden. Die Samenpflanzen haben aber noch die besondere Eigenschaft, daß sie einen Samen bilden. (Genaueres über die Samenpflanzen nächstes Kapitel!).

Übersicht über die Entwicklung der Fortpflanzung von den niedersten bis zu den höchsten Pflanzen

Die niedersten Pflanzen wie die einzelligen Bakterien, Spaltpilze vermehren sich nur ungeschlechtlich und zwar durch Teilung. Bei den Flagellaten, die ebenfalls noch einzellig sind, tritt die geschlechtliche Fortpflanzung durch Geschlechtszellen (Gameten) auf, wobei eine Entwicklung von der Isogamie über Anisogamie zur Oogamie stattfindet (Beispiel: die Gattung Chlamydomónas, einzellige Flagellaten). Bei den Pilzen findet ungeschlechtliche Fortpflanzung durch Sporen statt und daran anschließend tritt der Generationswechsel auf, das ist der regelmäßige Wechsel zwischen einer Generation mit ungeschlechtlicher Fortpflanzung durch Sporen und einer Generation mit geschlechtlicher Fortpflanzung durch Geschlechtszellen (Gameten), also der regelmäßige Wechsel zwischen Sporophyt und Gametophyt; Beispiele: Farne und Moose. Mit dem Generationswechsel ist stets der Kernphasenwechsel verbunden, wobei die Reduktionsteilung stets bei der Sporenmutterzelle im Sporophyten stattfindet. Die Weiterentwicklung verläuft bei allen höheren Pflanzengruppen so, daß der Sporophyt (Diplont) immer weiter entwickelt und der Gametophyt (Haplont) immer mehr reduziert wird. Bei den Moosen ist der Gametophyt noch größer als der Sporophyt, der ein kleines Gebilde (Sporogon) ist und sich heterotroph von dem Gametophyten ernährt. Bei den Farnen ist der Sporophyt, das grüne Farnkraut, eine selbständige Pflanze und größer als der Gametophyt, der zwar klein, aber noch eine selbständige Pflanze, das Prothallium, ist. Bei den Samenpflanzen ist der Gametophyt (Haplont) nicht mehr eine selbständige Pflanze, sondern auf den Pollenschlauch (♂) und den Inhalt des Embryosackes (♀) reduziert. Bei den Farnen treten Mikrosporen und Makrosporen auf, die sich auch bei den Samenpflanzen vorfinden. Bei den Samenpflanzen sind die männlichen Gameten nicht mehr bewegliche Spermatozoiden, sondern nur noch generative Kerne des Pollenschlauches; nur einige nacktsamige, wie z.B. der Ginkobaum, haben noch bewegliche männliche Gameten (Spermatozoiden). Die grüne Samenpflanze ist der Sporophyt (Diplont).

10. Kapitel

Fortpflanzung und Entwicklung der Blütenpflanzen

Die Blüte der Blütenpflanzen ist ein gestauchter Sproß mit umgewandelten Blättern, die zur geschlechtlichen Fortpflanzung dienen. Die Blüte ist morphologisch als eine Metamorphose des Sprosses und des Blattes, entwicklungsgeschichtlich als Sporophyllstand zu bezeichnen.

Es gibt:

1. **Eingeschlechtliche Blüten,** das sind Blüten, die nur eine Art der Geschlechtsorgane, entweder männliche oder weibliche, enthalten, so daß es hier zwei verschiedene Arten von Blüten, männliche und weibliche Blüten, gibt. Die männlichen und die weiblichen Blüten sitzen entweder an derselben Pflanze (einhäusige oder monözische Pflanzen, z.B. Kiefer) oder an verschiedenen Pflanzen (zweihäusige oder diözische Pflanzen, z.B. Eibe, Weide).

2. **Zwittrige oder zweigeschlechtliche Blüten,** das sind Blüten mit männlichen und weiblichen Geschlechtsorganen an derselben Blüte; zwittrige Blüten haben die meisten Blütenpflanzen (siehe Seite 43 und Figur 35!).

Die Blüten sitzen an einer Pflanze entweder einzeln am Sproßende oder in den Achseln der Blätter oder sind zu **Blütenständen,** die auch **Infloreszenzen** heißen, vereinigt. Die Blütenstände sind razemös oder zymös.

Die wichtigsten razemösen Blütenstände (Fig. 38) sind:

Traube: Hauptachse lang, Einzelblüten gestielt
Ähre: Hauptachse lang, Einzelblüten sitzend, d.h. ungestielt
Kolben: Ähre mit fleischiger, stark verdickter Achse, z.B. beim Mais
Köpfchen: Hauptachse verkürzt, fleischig, Einzelblüten sitzend
Dolde: Hauptachse verkürzt, Einzelblüten gestielt
Rispe: zusammengesetzte Traube, z.B. Weintraube, Hafer

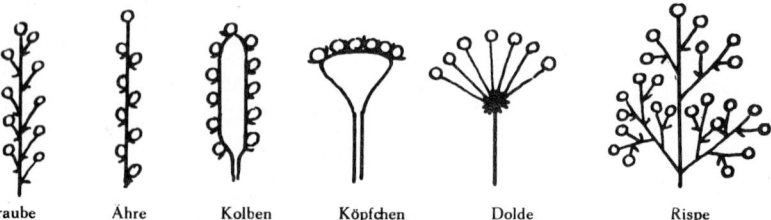

Traube   Ähre   Kolben   Köpfchen   Dolde   Rispe

Fig. 38 Razemöse Blütenstände

Die wichtigsten zymösen Blütenstände (Fig. 39) sind: Schraubel, Wickel, Fächel, Sichel, Trugdolde: bei Fächel und Sichel liegen die Blüten in einer Ebene.

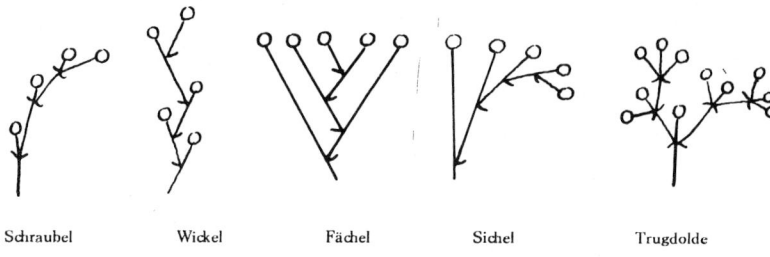

| Schraubel | Wickel | Fächel | Sichel | Trugdolde |

Fig. 39. Zymöse Blütenstände

Die wichtigste Blüte ist die zweigeschlechtliche Blüte (Fig. 35) der bedecktsamigen Pflanzen (wiederhole Seite 43!); diese besteht aus:

Fruchtknoten mit der Samenanlage, das weibliche Geschlechtsorgan,

Staubgefäßen, den männlichen Geschlechtsorganen,

Kronen- oder Blütenblättern, bunt oder weiß, dem Schauapparat der Blüte,

Kelchblättern, meist grün; Kronenblätter und Kelchblätter bilden zusammen die Blütenhülle (das Perianth).

Die Lage des Fruchtknotens in der Blüte ist verschieden. Der Fruchtknoten ist oberständig (Fig. 40a), wenn er über dem Ansatz der Kelchblätter steht, er ist unterständig (Fig. 40c), wenn er sich unterhalb der Ansatzstelle der Kelchblätter befindet und von der Blütenachse ganz umwachsen ist, er ist mittelständig (Fig. 40b), wenn er von der Blütenachse nur umwölbt, aber nicht mit ihr verwachsen ist.

a) oberständig b) mittelständig c) unterständig

Fig. 40. Stellung des Fruchtknotens

Die Staubblätter

Die Staubblätter, auch Staubgefäße genannt, sind die männlichen Geschlechtsorgane der Blüte. Die Zahl der Staubblätter ist bei den verschiedenen Pflanzen verschieden. Jedes einzelne Staubblatt (Fig. 41) besteht aus dem Stiel (Filament) und dem Staubbeutel (Anthere), der sich aus den beiden Theken zusammensetzt. Jede Theke enthält zwei Pollensäcke, so daß also eine Anthere vier Pollensäcke enthält. Die Pollensäcke sind die Mikrosporangien (siehe Seite 52!) der Pflanze, also ein Staubblatt ein Mikrosporophyll. In den Pollensäcken entstehen durch Reduktionsteilung der diploiden Pollenmutterzelle je vier haploide Pollenkörner, die die Mikrosporen der Blütenpflanze sind. Durch Platzen des Pollensackes gelangen die Pollenkörner, die auch Blütenstaub genannt werden, ins Freie und werden durch den Wind oder durch Insekten auf die Narbe des Fruchtknotens übertragen.

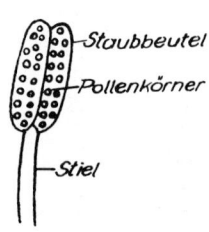

Staubbeutel

Pollenkörner

Stiel

Fig. 41. Staubblatt

Der Fruchtknoten

Der Fruchtknoten (Fig. 42), auch Stempel genannt, ist ein aus einem oder mehreren Fruchtblättern (Karpellen) gebildeter Hohlkörper, in dessen Hohlraum sich eine oder mehrere Samenanlagen befinden. Der Fruchtknoten trägt oben die Narbe mit oder ohne Griffel als Zwischenstück. Die Narbe ist der Empfängnisapparat für die Pollenkörner. Die Wandung des Fruchtknotens heißt das **Perikarp** und besteht aus drei Schichten: **Endokarp,** der innersten Schicht, **Exokarp,** der äußeren Schicht, **Mesokarp,** der dazwischen liegenden Schicht.

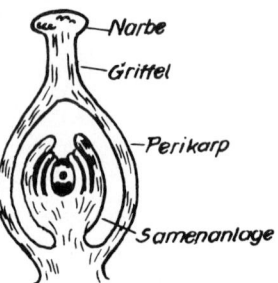

Fig. 42. Fruchtknoten

Die Samenanlage

Die Samenanlage (Fig. 43) besteht aus dem Stiel (Funiculus) und dem mehrzelligen Gewebekern, der **Nucellus** genannt wird und der das Makrosporangium der Blütenpflanze darstellt. Der Nucellus ist gewöhnlich von zwei Hüllen, den **Integumenten,** eingeschlossen, die einen Spalt, die sogenannte **Mikropyle,** frei lassen. Im Nucellus entstehen durch Reduktionsteilung der diploiden Makrosporenmutterzelle, die hier **Embryosackmutterzelle** heißt, vier haploide Zellen. Von diesen gehen drei zugrunde, die vierte ist der **Embryosack,** der die einzige überlebende Makrospore der Blütenpflanze ist; sein Kern heißt **primärer Embryosackkern.** Dieser haploide primäre Embryosackkern teilt sich durch drei aufeinander folgende Äquationsteilungen in acht haploide Kerne, die sich mit mehr oder weniger Plasma umgeben, sich zu Zellen ausbilden und sich im Embryosack in einer ganz bestimmten Weise anordnen. Drei von ihnen, nämlich die **Eizelle** und die beiden **Helferinnen (Synergiden)** befinden sich am Mikropylenende, drei, die sogenannten **Gegenfüßlerzellen (Antipoden)** am entgegengesetzten Ende. Die letzten Kerne, die sogenannten **Polkerne,** verschmelzen und ergeben wieder einen diploiden Kern, der **sekundärer Embryosackkern** heißt und sich in der Mitte befindet. Der Embryosack mit diesen sieben Kernen stellt dann den weiblichen Gametophyten, also das Makroprothallium, dar und ist reif zur Befruchtung.

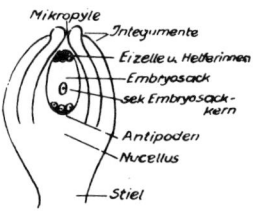

Fig. 43. Samenanlage

Die Befruchtung

Die reifen Pollenkörner (die Mikrosporen!) gelangen, durch Insekten oder durch den Wind übertragen, auf die Narbe des Fruchtknotens (sogenannte **Bestäubung**). Hierbei wird aber eine Selbstbestäubung, d. h. eine Bestäubung derselben Blüte, möglichst vermieden. Auf der Narbe wächst ein Pollenkorn zu dem Pollenschlauch (Fig. 44) aus, der drei Kerne, einen vegetativen und zwei generative, bildet. Der Pollenschlauch stellt den männlichen Gametophyten der Blütenpflanze dar, die beiden generativen Kerne, die zur Befruchtung bestimmt sind, sind die männlichen Gameten; also bei den Blütenpflanzen sind die männlichen Gameten auf die zwei generativen Kerne des Pollenschlauches reduziert. Der Pollenschlauch wächst durch die Narbe in den Fruchtknoten hinein und durch die Mikropyle bis zum Embryosack und entläßt hier die beiden generativen Kerne, die haploid sind (Fig. 45). Der eine generative Kern verschmilzt mit der haploiden Eizelle des Embryosackes **(Befruchtung der Eizelle),** der andere mit dem diploiden sekundären Embryosackkern **(Befruchtung des sekundären Embryo-**

sackkernes), so daß also eine doppelte Befruchtung erfolgt (!). Aus der befruchteten Eizelle, der diploiden Zygote, entsteht durch Zellteilung das neue Pflänzchen, der Embryo. Durch die Befruchtung des sekundären Embryosackkernes, d. h. durch die Verschmelzung des zweiten haploiden generativen Kernes des Pollenschlauches mit dem diploiden sekundären Embryosackkern, entsteht ein triploider (!!) Kern, der **Endospermkern,** aus dem sich durch Teilung das **Endosperm,** das Nährgewebe für den Embryo, bildet.

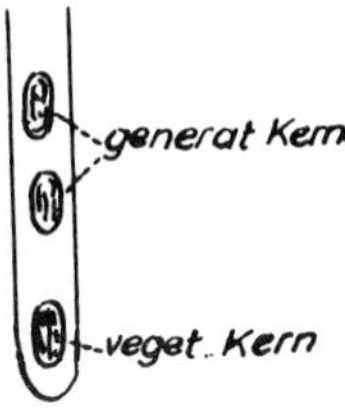

Also auch bei den höchstentwickelten Pflanzen, den Samen- oder Blütenpflanzen, findet ein Generationswechsel, d. h. ein Wechsel zwischen einer ungeschlechtlichen Generation (Sporophyt) und einer geschlechtlichen Generation (Gametophyt) statt, nur ist der Gametophyt sehr stark reduziert und keine selbständige Pflanze mehr.

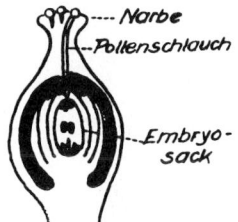

Fig. 44. Pollenschlauch

Fig. 45. Befruchtung bei zweigeschlechtlichen Blüten

Merke sehr gut von den Samen- oder Blütenpflanzen:

Grüne Pflanze selbst ist der Sporophyt (2n)

Bei der grünen Pflanze, dem Sporophyten, sind:

Staubgefäße (2n): Mikrosporophyll,

Pollensäcke: Mikrosporangium,

Pollenkörner (n): Mikrosporen,

Pollenschlauch: männliche Geschlechtsgeneration (männlicher Gametophyt, Mikroprothallium)

Generative Kerne (n) des Pollenschlauches: Mikrogameten.

Fruchtknoten (2n): Makrosporophyll,

Nucellus der Samenanlage: Makrosporangium,

Primärer Embryosackkern (n): Makrospore,

Embryosack mit 7 Kernen: weibliche Geschlechtsgeneration (weiblicher Gametophyt, Makroprothallium),

Eizelle (n) des Embryosackes: Makrogamet

Eine besondere Eigenheit der bedecktsamigen Pflanzen (Angiospermen), wodurch sie sich von den nacktsamigen Pflanzen (Gymnospermen) unterscheiden, ist die **doppelte Befruchtung,** also die Erscheinung, daß außer der Befruchtung der Eizelle auch noch die Befruchtung des diploiden sekundären Embryosackkernes erfolgt, wodurch bemerkenswerterweise der triploide Endospermkern entsteht.

Samen und Frucht

Nach der Befruchtung fallen die Kelchblätter, die Kronblätter und die Staubblätter ab oder vertrocknen, und der Fruchtknoten mit der Samenanlage macht folgende Entwicklung durch: Aus der befruchteten Eizelle (Zygote) entsteht durch Zellteilung die junge Pflanze (der Embryo oder Keimling), die aus der Keimwurzel (Radicula), dem Keimsproß (Hypokotyl) mit der Keimsproßknospe (Plumula) und den Keimblättern (Kotyledonen) besteht; die Dikotylen haben zwei Keimblätter, die Monokotylen nur ein Keimblatt. Der befruchtete sekundäre Embryosackkern entwickelt sich zum Endosperm, das dem Embryo als Nährboden dient. Auch der Nucellus kann sich, aber selten, zu einem Nährgewebe, dem Perisperm, entwickeln. Nach einiger Zeit unterbricht der Embryo (Keimling) sein Wachstum, trocknet, ohne abzusterben, ein und die Integumente der Samenanlage bilden um ihn eine feste.

schützende Zellulosehülle, die Samenschale; das ganze heißt der Samen. Also der **Samen**[1]) der Samen- oder Blütenpflanze ist eine von einer festen Hülle, der Samenschale, umgebenes und meist mit Nährgewebe versehenes junges Pflänzchen (Embryo- oder Keimling), das sein Wachstum unterbrochen hat und sich in einer Trockenstarre befindet. Der Samen enthält außer der jungen Pflanze, dem Keimling (Embryo), meist noch einen Vorrat von Nährstoffen für den Keimling. Dieser Vorrat besteht entweder in einem besonderen Nährgewebe, dem Endosperm, oder es sind, wie es bei der Bohne und bei der Erbse der Fall ist, die Keimblätter so stark entwickelt, daß sie einen genügenden Vorrat von Nährstoffen für den Keimling enthalten.

Zugleich mit der Entwicklung der Samenanlage zum Samen verändert sich auch die Fruchtknotenwand (das Perikarp) und entwickelt sich zur Fruchtschale (Fruchthülle), die den Samen umschließt und dann mit diesem die Frucht bildet.

Merke also:

> **Frucht** = Samen + Fruchtschale (= weiter entwickelte Fruchtknotenwand)

Die einzelnen Blütenteile haben also nach der Befruchtung folgende Entwicklung durchgemacht:

Kelchblätter und Kronblätter } Staubblätter }	fallen ab oder vertrocknen
Fruchtknoten ———>	Frucht
Samenanlage ······>	Samen (Embryo, Nährgewebe, Samenschale)
davon: Integumente ——>	Samenschale
Eizelle ——>	Embryo (Keimling)
Embryosack ——>	Endosperm (kann fehlen)
Nucellus ·······>	Perisperm (selten entwickelt)

Die Fruchtschale (das Perikarp) besteht häufig aus drei Schichten: Endokarp, Mesokarp, Exokarp (siehe Seite 56!); sie dient weniger dem Schutz als zur Verbreitung des Samens. Bei manchen Blüten mit unterständigem Fruchtknoten wie z.B. Apfel, Birne, entwickelt sich auch die Blütenachse zu einem fleischigen Gebilde und bildet dann eine Scheinfrucht.

Man unterscheidet folgende Arten von Früchten:

1. **Streufrüchte,** das sind Früchte, die sich öffnen und die Samen einzeln entlassen: Balgfrucht, Hülse, Schote, Kapsel.

   Balgfrucht: aus einem Fruchtblatt, nur an der Bauchnaht aufspringend (z. B. Pfingstrose). **Hülse:** aus einem Fruchtblatt, an der Bauch- und Rückenwand aufspringend, z. B. alle Früchte der Leguminosen wie Erbsen, Bohnen (also Erbsen keine Schoten!). **Schote:** aus zwei Fruchtblättern, an den Nähten aufspringend, z B. bei allen Kreuzblütlern. **Kapsel:** aus zwei oder mehreren Fruchtblättern, ein- oder mehrfächrig, an den Nähten oder in der Mitte aufspringend oder sich mit einem Deckel öffnend (z.B. Bilsenkraut, Mohn, Herbstzeitlose).

2. **Schließfrüchte,** das sind Früchte, die sich als ganze Frucht von der Pflanze ablösen und verbreitet werden.

Bei den Schließfrüchten kann die Fruchtwand entweder hart oder weich sein, und man erhält nach der verschiedenen Beschaffenheit der Fruchtwand folgende verschiedene Arten von Schließfrüchten:

Nuß: einsamig, Fruchtwand hart aus Steinzellen; echte Nüsse sind: Haselnuß, Eichel – nicht aber Walnuß (!).

Steinfrucht: einsamig, äußerer Teil (Exokarp) der Fruchtschale fleischig, innerer Teil (Endokarp) der Fruchtschale hart und den Samen als den Kern umschließend; z. B. Kirsche, Pfirsich, Pflaume, Walnuß (!), Kokosnuß (!).

Beere: mehrsamig, ganze Fruchtschale fleischig; echte Beeren sind: Johannisbeere, Stachelbeere, Heidelbeere, Tomate (!), Gurke, Kürbis, – nicht aber Himbeere, Erdbeere (!).

---

1) In der Zoologie versteht man unter Samen die von der männlichen Keimdrüse gebildete Flüssigkeit, die unter anderem als wichtigsten Bestandteil die Samenzellen (Spermatozoen) enthält.

Scheinfrucht: Apfel, Birne; Fleisch aus der Blütenachse entwickelt, die eigentliche Frucht ist das Gehäuse.

Sammelfrucht: aus vielen Einzelfrüchtchen bestehend; z. B. Himbeere, Erdbeere, Brombeere.

Zusammengesetzte Frucht: aus vielen sitzenden Blüten entstanden; z. B. Ananas, Feige.

Merke besonders gut: Walnuß und Kokosnuß sind keine Nüsse, sondern Steinfrüchte, Himbeere, Erdbeere, Brombeere sind keine Beeren, sondern Sammelfrüchte. Apfel und Birne sind Scheinfrüchte (das Fleisch aus der Blütenachse entstanden)!

Das Getreidekorn (Fig. 46)

Beim Getreidekorn (Weizen, Roggen u. a.) ist die Fruchtwand mit der Samenschale fest verwachsen und beide zusammen bilden die Schale. Das Getreidekorn ist also nicht ein Samen nur, sondern eine Frucht (!), eine sogenannte *Karyopse[1]. Auf die Schale folgt zunächst die Aleuron- oder Kleberschicht, die aus nahezu quadratischen und reichlich mit Eiweiß- oder Aleuronkörnern (Seite 14) angefüllten Zellen besteht. Den größten Teil des Sameninnern füllt das Nährgewebe (Endosperm) aus; dieses hat in seinen Zellen in großer Menge Stärkekörner gespeichert, die der Nährstoffvorrat für den Keimling sind. Das Schildchen (Keimblatt) ist sehr plasmareich, enthält Stärke lösende Fermente (Amylasen) und ist das Saugorgan des Keimlings, indem bei der Keimung durch diese Fermente die Stärke des Nährgewebes in löslichen Traubenzucker gespalten und dieser dem wachsenden Keimling zugeführt wird[2].

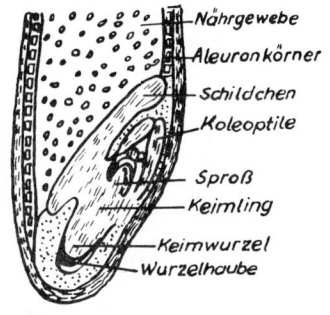

Fig. 46. Getreidekorn im Längsschnitt

Beim Mahlen des Getreides wird das Innere der Getreidekörner, nachdem es von den Schalen getrennt ist, pulverartig zu Mehl zerrieben. Das gewöhnliche Mehl ist also das Pulver verriebene Innere der Getreidekörner und enthält daher in der Hauptsache Stärke, aber auch Eiweiß und in geringer Menge Fette und Mineralstoffe.

In dem Samen hat die Pflanze einen Vorrat von Nährstoffen: Kohlehydrate, Eiweiß, Fett für den Keimling gespeichert. Daher sind viele Samenarten wichtige Nahrungsmittel für den Menschen. Stärke in größerer Menge enthalten fast alle Samenarten. Die Hülsenfrüchte (Bohnen, Erbsen) sind besonders reich an Eiweiß, und die Ölfrüchte (Hanf, Mohn, Olive, Nüsse) enthalten in großer Menge Öl.

Die Keimung des Samens

Wenn auch in der Trockenstarre des Samens das Wachstum der jungen Pflanze (des Keimlings) unterbrochen ist, so ist die junge Pflanze nicht tot, d. h. die Lebensvorgänge (die physiologischen Prozesse wie die Atmung) haben nicht vollständig aufgehört, sondern sind nur auf das Äußerste eingeschränkt. Unter gegebenen Verhältnissen vermag der Keimling wieder die Lebensvorgänge zu vergrößern und das unterbrochene Wachstum fortzusetzen, was **Keimung des Samens** heißt:

Die Keimfähigkeit behält ein Samen nicht unbegrenzt lange, sondern nach einer gewissen Zeit stirbt ein jeder Samen ab und verliert die Keimfähigkeit. Die Keimfähigkeit dauert bei den meisten Pflanzenarten 5 bis 10 Jahre. Eine größere Dauer der Keimfähigkeit haben die Hülsenfrüchtler (* bis 200 Jahre). Getreidesamen aus den ägyptischen Pharaonengräbern oder ans der Römerzeit ist nicht mehr keimfähig.

1) * **Karyopse** (Grasfrucht) kann als ein Sonderfall der Nuß angesehen werden und zwar als eine Nuß, bei der Samenwand und Fruchtwand miteinander verwachsen sind.

2) * Der Keimling des Getreides ist deutlich in seinen einzelnen Teilen zu erkennen: Keimwurzel (Radicula) mit Wurzelscheide (Koleorhiza) und Wurzelhaube, Keimsproß (Hypokotyl) mit der Keimsproßknospe (Plumula) in der Keimscheide (Koleoptile), Keimblatt, das zum Schildchen (Scutellum) ausgebildet ist.

Die Keimung des Samens geht nun so vor sich, daß zuerst der Samen durch Wasseraufnahme quillt. Darauf setzt eine erhöhte Lebenstätigkeit des Keimlings (erhöhte Atmung)
ein. Die Fermente werden aktiviert, durch die aktiven Fermente werden die Reservestoffe
(Stärke, Eiweiß) mobilisiert, d. h. in lösliche Form übergeführt und dem Keimling zugeleitet, worauf der Keimling zu wachsen beginnt. Zuerst wächst die Keimwurzel, durchbricht
die Samenschale und wächst in die Erde hinein. Bei den einen Pflanzen streckt sich der
Keimsproß (das Hypokotyl) und tritt mit den Keimblättern aus dem Boden heraus (**epigä-
ische Keimung**; z. B. Bohne, Buche). Bei den anderen Pflanzen bleibt der Keimsproß mit
den Keimblättern in der Erde und nur die Keimsproßknospe (die Plumula) treibt aus der
Erde heraus (**hypogäische Keimung**, z. B. Erbse, Eiche). Über der Erde bildet der Sproß
bald grüne Blätter, und damit ist der Keimvorgang beendet. Die junge Pflanze ernährt sich
nicht mehr durch die von der Mutterpflanze mitgegebenen Reservestoffe, sondern selbständig (autotroph) durch die Assimilationstätigkeit der grünen Blätter.

* Die Keimung des Samens erfolgt nur, wenn folgende äußere Bedingungen erfüllt sind:

 1. Vorhandensein von Wasser und zwar von Wasser mit gelösten Kalziumsalzen. In destilliertem
    Wasser erfolgt keine Keimung.

 2. Vorhandensein von Sauerstoff, den der Keimling wegen der erhöhten Atmung beim Keimen
    benötigt. Daher muß der Boden locker und gut durchlüftet sein, im Wasser kann Samen nicht
    keimen.

 3 Bestimmte Höhe der Außentemperatur; bei zu tiefer und zu hoher Temperatur tritt keine
    Keimung ein.

B. PHYSIOLOGIE

Die **Physiologie** ist die Lehre von den Lebensvorgängen in der Pflanze. Die physiologischen Vorgänge sind gesteuert, d. h. sie verlaufen zueinander koordiniert in einer bestimmten Richtung. Diese Steuerung der physiologischen Vorgänge ist ein Kennzeichen des Lebens.

Die Pflanzenphysiologie wird eingeteilt in:
1. Physiologie des Stoffwechsels,
2. Physiologie des Wachstums,
3. Physiologie der Bewegung.

I. PHYSIOLOGIE DES STOFFWECHSELS

11. Kapitel

Assimilation und Dissimilation

Die Pflanze benötigt:
1. Stoffe zum Aufbau (Wachstum, Bildung von Früchten).
2. Energie zur Bestreitung des Energiebedarfes.

Die Pflanze benötigt Energie:
1. zum Aufbau der energiereichen (endothermen) organischen Verbindungen wie Kohlehydrate, Fette, Eiweiß u. a. m.,
2. zum Wachsen (Arbeitsleistung gegen die Schwerkraft),
3. zur Aufrechterhaltung von Unterschieden der Konzentration und des osmotischen Druckes (osmotische Arbeit) u. a. m.

Die Pflanzen stellen entweder die energiereichen organischen Verbindungen aus energiearmen anorganischen Verbindungen selbst her, indem sie die erforderliche Energie entweder aus der Strahlungsenergie des Lichtes entnehmen (Photosynthese) oder durch Oxydation von anorganischen Verbindungen gewinnen (Chemosynthese), oder sie nehmen organische Verbindungen und mit diesen Energie auf.

Demgemäß unterscheidet man folgende Pflanzenarten:

A. Autotrophe Pflanzen, das sind Pflanzen, die nicht von organischen Verbindungen leben, sondern die organischen Verbindungen aus anorganischen Verbindungen selbst herstellen und zwar:

1. **autotrophe Pflanzen mit Photosynthese,** das sind Pflanzen, die ihre organischen Verbindungen unter Aufnahme von Lichtenergie mit Hilfe des Chlorophylls aufbauen.

   Da Chlorophyll ein grüner Farbstoff ist, so ist die überwiegende Mehrzahl der Pflanzen mit Photosynthese grün. Eine Ausnahme machen die Braunalgen und die Rotalgen, die zwar ebenfalls Chlorophyll enthalten (!), bei denen aber die grüne Farbe des Chlorophylls durch andere Farbstoffe verdeckt ist.

2. **autotrophe Pflanzen mit Chemosynthese,** das sind Pflanzen, die zum Aufbau ihrer organischen Verbindungen erforderliche Energie durch Oxydation von endothermen anorganischen (!) Verbindungen gewinnen.

   Da Pflanzen mit Chemosynthese kein Chlorophyll enthalten, sind sie farblos. Autotrophe Pflanzen mit Chemosynthese sind gewisse Bakterien (siehe später!).

B. Heterotrophe Pflanzen, das sind meist nichtgrüne Pflanzen, die ihre organischen Nahrungsstoffe von anderen Lebewesen übernehmen (vergl. Seite 8!).

Der Stoffwechsel der Pflanze besteht in einem Aufbau (Assimilation) und Abbau (Dissimilation) von Verbindungen. Merke:

A. Assimilation, das ist der Aufbau von endothermen organischen Verbindungen unter Aufnahme von Energie.

1. **Assimilation der Kohlensäure,** das ist der Aufbau der Kohlehydrate (Traubenzucker, Stärke) aus Kohlendioxyd (CO_2) und Wasser (H_2O) unter Energieaufnahme und zwar:

    a) **Photosynthese** bei chlorophyllhaltigen autotrophen Pflanzen unter Aufnahme von Strahlungsenergie des Lichtes,

    b) **Chemosynthese** bei chlorophyllfreien autotrophen Pflanzen (autotrophen Bakterien) durch Oxydation von endothermen anorganischen Verbindungen.

2. **Assimilation der Fette** aus Kohlehydraten,

3. **Assimilation des Eiweißes** und anderer organischer Verbindungen aus Kohlehydraten und anorganischen Stickstoff-, Schwefel-, Phosphorverbindungen; die Kohlehydrate liefern die erforderliche Energie und zum Teil den Baustoff.

B. Dissimilation ist der Abbau der endothermen organischen Verbindungen unter Freimachung von Energie. Die freigewordene Energie wird teils von der Pflanze zur Bestreitung ihres Energiebedarfes verwandt, teils in Wärme verwandelt. Es gibt zwei Arten der Dissimilation:

1. **Atmung,** das ist der oxydative Abbau der organischen Verbindungen, d. h. der Abbau der organischen Verbindungen unter Aufnahme von Sauerstoff, wo bei vollständigem Abbau CO_2 und H_2O entstehen,

    a) **Veratmung der Kohlehydrate** (Stärke, Traubenzucker) **und der Speisefette,** die gewöhnliche Atmung,

    b) **Veratmung von Eiweiß,** die außergewöhnliche Atmung, die nur im Hungerzustande bei Mangel von Kohlehydraten erfolgt.

2. **Gärung,** auch **Intramolekulare Atmung** genannt, ist der nichtoxydative Abbau von organischen Verbindungen ohne Sauerstoffaufnahme.

Die physiologischen Prozesse in der Pflanze wie auch im Tiere verlaufen stets unter Einwirkung von Fermenten (Enzymen).

Fermente oder **Enzyme** sind organische Katalysatoren (Biokatalysatoren), d. h. organische Stoffe, die eine chemische Reaktion auslösen oder beschleunigen.

Die Fermente (Enzyme) sind Eiweißverbindungen, also hochmolekulare organische Stickstoffverbindungen, die stets von der lebenden Zelle erzeugt werden, deren Wirkung aber nicht an die lebende Zelle gebunden ist. Die Fermente sind spezifisch, d. h. ein Ferment greift immer nur eine ganz bestimmte Verbindung an und bewirkt dann immer nur eine ganz bestimmte Reaktion. – Weiteres später in einem besonderen Kapitel!

Die Gesamtheit aller chemischen Umsetzungen in der Pflanze machen den Stoffwechsel der Pflanze aus, der aus dem Baustoffwechsel und dem Betriebsstoffwechsel besteht.

Baustoffwechsel heißen die Stoffwechselvorgänge, bei denen aus einfachen anorganischen oder organischen Verbindungen die verschiedenen Zellbestandteile (Baustoffe) aufgebaut werden; diese Baustoffe sind vor allem das Eiweiß (Protoplasma) und die Zellulose (Zellmembran), außerdem Lignin, Pectin, Cutin, Suberin u. a.

Betriebsstoffwechsel heißen die Stoffwechselvorgänge, durch die der pflanzliche Organismus aus endothermen organischen Stoffen, den Betriebsstoffen, die für das Leben erforderliche Energie gewinnt. Die Betriebsstoffe der Pflanze sind die Kohlehydrate (Stärke, Traubenzucker) und die Fette.

12. Kapitel

Die Nährstoffe der Pflanze, ihre Aufnahme und ihr Transport

Die Pflanzen bestehen aus folgenden Stoffen:

W a s s e r, gewöhnlich der größte Anteil,

O r g a n i s c h e n V e r b i n d u n g e n : Kohlehydraten, Eiweiß- und Aminoverbindungen, Lipoïden, Enzymen, organischen Säuren u. a.

A n o r g a n i s c h e n S a l z e n .

Der Wassergehalt einer Pflanze ergibt sich als Differenz zwischen dem Frischgewicht einer Pflanze und dem Gewicht der Trockensubstanz, die man durch Austrocknen der Pflanze erhält.

Durch Elementaranalyse hat man festgestellt, daß in allen Pflanzen folgende Elemente enthalten sind:

K, Na, Mg, Ca, Fe, C, O, H, N, S, P, Si, Cl,
außerdem in sehr geringer Menge: B, Al, Mn, Mo, Zn, Cu.

Zur Ausführung der Elementaranalyse wird die Pflanze verbrannt. Die Elemente C, O, H, N, S gehen als Gase (H_2O, CO_2, NH_3, H_2S) flüchtig. Die zurückbleibende Aschensubstanz besteht nur aus Mineralstoffen (anorganischen Verbindungen), in denen die übrigen Elemente sich befinden und analytisch bestimmt werden.

Nicht alle in den Pflanzen vorkommenden Elemente sind für die Pflanze unbedingt wichtig, sondern nur zehn Elemente sind es, die für die Pflanze lebensnotwendig sind. Merke:

Die zehn lebensnotwendigen Elemente aller Pflanzen:
6 Nichtmetalle: C, O, H, N, S, P,
4 Metalle: K, Ca, Mg, Fe.

Die Lebensnotwendigkeit dieser zehn Elemente ist nachgewiesen durch **Nährlösungen,** auch **Wasserkulturen** genannt, das sind wässerige Lösungen, die die lebensnotwendigen Elemente mit Ausnahme des Kohlenstoffes in Form gelöster anorganischer Salze enthalten. Der Kohlenstoff ist in einer solchen Nährlösung nicht enthalten, da er von der Pflanze durch die Blätter als CO_2 aus der Luft aufgenommen wird.

Merke: Die wichtigsten Nährstoffe sind:

Nährlösung nach Knop:			Nährlösung nach v. d. Crone:		
dest. Wasser			dest. Wasser		
Ca $(NO_3)_2$	0,1	Prozent	KNO_3	0,1	Prozent
KH_2PO_4	0,025	Prozent	$CaSO_4 \cdot 2\,H_2O$	0,05	Prozent
$MgSO_4 \cdot 7\,H_2O$	0,025	Prozent	$MgSO_4 \cdot 2\,H_2O$	0,02	Prozent
$FeCl_3$ (Spur)			$Ca_3(PO_4)_2$	0,025	Prozent
			$Fe_3(PO_4)_2$	0,025	Prozent

A u ß e r d e m m ü s s e n d i e N ä h r l ö s u n g e n n o c h S p u r e n e l e m e n t e i n s e h r g e - r i n g e r (!) K o n z e n t r a t i o n e n t h a l t e n .

Merke also: D i e **Nährlösungen (Wasserkulturen)** b e s t e h e n i m W e s e n t l i c h e n a u s N i t r a t e n , P h o s p h a t e n u n d S u l f a t e n v o n K a l i u m , K a l z i u m , M a g n e s i u m , E i s e n i n s e h r g e r i n g e r K o n z e n t r a t i o n (!) . S i e h a b e n d a h e r a u c h e i n e n s e h r k l e i n e n o s m o t i s c h e n D r u c k (!) .

E i n e g r ü n e P f l a n z e k a n n i n e i n e r s o l c h e n N ä h r l ö s u n g o h n e S c h a d e n l e b e n u n d w a c h s e n , n a t ü r l i c h u n t e r d e r V o r a u s s e t z u n g , d a ß s i e CO_2 a u s d e r L u f t e n t h ä l t . B e i A u s f a l l e i n e s E l e m e n t e s a b e r t r e t e n b e i d e r P f l a n z e S t ö r u n g e n (M a n g e l k r a n k h e i t e n) a u f , w o d u r c h d i e U n e n t b e h r l i c h k e i t d i e - s e s E l e m e n t e s b e w i e s e n i s t , z. B. F e h l e n v o n E i s e n b e w i r k t d i e **Eisenchlorose:** d i e Pflanze bildet kein Chlorophyll und bleibt daher farblos. E s k a n n a u c h k e i n E l e m e n t d u r c h e i n a n d e r e s i h m ä h n l i c h e s e r s e t z t w e r d e n .

A u ß e r d i e s e n z e h n l e b e n s n o t w e n d i g e n E l e m e n t e n b e d a r f d i e P f l a n z e i n ä u ß e r s t g e r i n g e n M e n g e n (S p u r e n) n o c h a n d e r e E l e m e n t e , d i e d e s h a l b

Spurenelemente genannt werden. Die wichtigsten Spurenelemente sind: Bor, Mangan, Kupfer, Molybdän.

Das Fehlen eines Spurenelementes bewirkt ebenfalls Pflanzenkrankheiten, z. B. Fehlen von Mangan bewirkt beim Hafer die Dörrfleckenkrankheit, Bormangel die Herz- und Trockenfäule bei Zuckerrüben, Kupfermangel die Heidemoorkrankheit.

Die Spurenelemente kommen überall, so auch im Erdboden und in unreinen Chemikalien vor. We gen der Notwendigkeit der Spurenelemente darf man die Nährlösungen nicht mit ganz reinen Chemikalien ansetzen.

Wie man durch Vergleichen der lebensnotwendigen Elementen mit den in allen Pflanzen vorkommenden Elementen sieht, kommen zwar in allen Pflanzen die Elemente: Na, Cl, Si vor, sind aber für die Pflanze nicht lebensnotwendig. Die Pflanze kann diese Elemente in größerer, aber nicht allzu großer Menge führen, kann sie aber auch ohne jeden Schaden oder Nachteil entbehren. Nur für die Halophyten (Salzpflanzen) sind Na und Cl unentbehrlich, und für die Kieselalgen ist das Si lebensnotwendig.

Die für die Pflanze notwendigen Elemente sind in dem Erdboden in genügender Menge vorhanden.

Wenn diese Elemente dem Boden durch die Pflanzen entzogen werden, so gehen sie dem Boden nicht verloren, da sie durch Vermoderung der abgestorbenen Pflanze dem Boden wieder zugeführt werden. Anders ist es aber, wenn der Boden (Felder, Wiesen, Weiden) abgeerntet wird. In diesem Falle verarmt der Boden an den lebensnotwendigen Elementen und zwar besonders an Stickstoff, Phosphor, Kalium, seltener an Schwefel und Kalzium, und dem Boden müssen durch den Menschen diese Elemente (N, P, K) zugeführt werden. Dies geschieht durch:

Die Düngung

1. **Natürliche Düngung** durch Stallmist und Jauche: sie hat den Vorzug, daß durch sie der Boden aufgelockert wird und durch die einsetzende Bakterientätigkeit CO_2 in großer Menge entsteht.

2. **Gründüngung** durch Anbau von Pflanzen, nämlich von Leguminosen (Erbse, Lupine, Wicke, Seradella u. a. m.), die durch Knöllchenbakterien befähigt sind, elementaren Stickstoff aus der Luft zu binden.

3. **Künstliche oder mineralische Düngung** durch Mineralstoffe, die besonders N, P, K, Ca enthalten (phosphor-, salpeter-, schwefelsaure Salze von Kalium, Ammonium, ferner Harnstoff und Kalkstickstoff).

Für das Gedeihen der Pflanzen ist auch die Bodenreaktion, d. h. die p_H-Zahl[1]) des Bodens, bestimmend. Die einen Pflanzen (die kalkfliehenden) bevorzugen sauren, andere (die kalkliebenden) alkalischen Boden, und manche Pflanzen gedeihen am besten auf neutralem Boden. Die Gründe hierfür sind sehr mannigfaltig.

Bedeutung der lebensnotwendigen Elemente

C, O, H, N, S, P dienen zum Aufbau der organischen Stoffe, insbesondere:

C, O, H zum Aufbau der Kohlehydrate, Fette, Eiweißstoffe, Fermente u. a.

N zum Aufbau von Eiweiß, Fermenten, Chlorophyll, Vitaminen u. a.

S zum Aufbau des schwefelhaltigen Eiweißes (stets als SH-Gruppe) und des Vitamins B₁,

Vitamin B_1 ist eine N- und S-haltige organische Verbindung und die prostetische Gruppe der Karboxylase, eines für den Kohlehydratstoffwechsel wichtigen Fermentes.

P zum Aufbau von Eiweiß, nämlich den Nukleoproteiden (Kernweiß) und Phosphorproteiden, ferner von Phosphatiden (Lecithin) oder von Glukosephosphorsäureestern beim Abbau der Kohlehydrate, schließlich zur Pufferung der Zellen (Phosphatpuffer: K-Salze der Phosphorsäure).

Der Phosphor kommt in den Pflanzen immer nur als Phosphorsäure vor, entweder anorganisch in den Kalisalzen oder organisch verestert (Eiweiß, Phosphatide).

---

1) p_H-Zahl oder **Wasserstoffexponent** ist der negative Logarithmus der Wasserstoffionenkonzentration ($[H^+]$) zu Basis 10; also: $p_H = - \log [H^+]$; neutral: $p_H = 7$, sauer: $p_H < 7$, alkalisch: $p_H > 7$. Genaueres siehe Allgemeine Chemie!

K und Ca kommen in der Pflanze als Ionen (K^+, Ca^{++}) vor und wirken antagonistisch, d. h. gegensätzlich, auf den Quellungszustand des Plasmas ein und zwar K wirkt fördernd, Ca hemmend auf die Quellung. Während das Kalium nur als Ion vorkommt, so kommt das Kalzium auch organisch gebunden vor als Kalziumoxalat (zur Entgiftung der Oxalsäure) und als Kalziumpektinat zum Aufbau der Mittellamelle (Seite 16 und 22).

Mg zum Aufbau des Chlorophylls und einiger Fermente.

Fe zum Aufbau vieler Fermente, besonders der Atmungsfermente (Zellhämine, Warburgs Atmungsferment). Ein Eisenferment bewirkt auch die Bildung des Chlorophylls, bei Fehlen des Eisens bildet sich kein Chlorophyll und die Pflanze bleibt farblos. (Eisenchlorose; s. S. 63!)

Die Pflanzen können leben und gedeihen, wenn ihnen die zehn lebensnotwendigen Elemente in genügender Menge zur Verfügung stehen. Die Stärke des Wachstums einer Pflanze wird aber durch das Element bestimmt, das im Minimum vorhanden ist **(Liebig's Minimumgesetz)**. Wenn man daher das Wachstum oder den Ertrag einer Pflanze vergrößern will, so muß man zunächst den Minimumstoff vermehren. Die Vermehrung des Minimumstoffes bewirkt aber nicht eine unbegrenzte Steigerung des Ertrages, sondern nur bis zu einem Höchstbetrag, nämlich bis ein anderer Stoff im Minimum vorliegt.

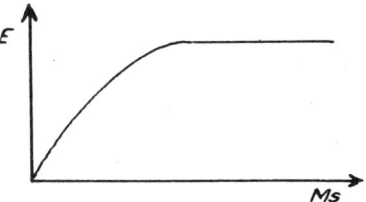

Trägt man in einem Koordinatensystem den Ertrag (E) einer Pflanze als Funktion der Menge (Ms) des Minimumstoffes auf (Fig. 47), so erhält man eine ansteigende Kurve, die in einer zur Abszissenachse parallelen Gerade übergeht.

Fig. 47. Ertrag (E) als Funktion von der Menge (Ms) des Minimumstoffes.

Im allgemeinen ist CO_2 auf der Erde im Minimum vorhanden (0,03 % in der Luft). Daher wird der Ertrag einer Pflanze vor allem durch Vermehrung von CO_2 gesteigert (Nutzanwendung: Zuleitung von CO_2-haltigen Gasen in Treibhäusern).

Aufnahme der Elemente durch die Pflanze

C wird nur als CO_2 aus der Luft durch die Spaltöffnungen des Blattes aufgenommen.

O wird in geringer Menge auch als elementarer Sauerstoff (O_2) aus der Luft durch die Spaltöffnungen des Blattes, aber in weit größerer Menge in gebundener Form als Wasser (H_2O) und als Salze von Sauerstoffsäuren (HNO_3. H_3PO_4, H_2SO_4) aus dem Erdboden durch die Wurzel aufgenommen.

Alle übrigen Elemente werden nur durch die Wurzel, genauer durch die Wurzelhaare aus dem Erdboden, und zwar immer nur in Form von gelösten Salzen vor allem der Salpetersäure, Schwefelsäure und Phosphorsäure zugleich mit Wasser aufgenommen. Merke:

Es werden aufgenommen:

N als Nitration (NO_3^-) und als Ammoniumion (NH_4^+), nicht als Nitrition (!). Die Stickstoffsalze des Erdbodens entstehen durch bakterielle Zersetzung von Eiweiß (Verwesung, Vermoderung) oder dadurch, daß mit dem Regen aus der Luft NH_3 oder die bei Gewitter entstandenen Stickoxyde niedergeschlagen werden. Das Ammoniak (NH_3) im Boden wird von den nitrifizierenden Bakterien, den Nitritbakterien und den Nitratbakterien, zu Nitrat oxydiert. Elementarer Stickstoff der Luft wird von den Pflanzen nicht aufgenommen. Nur einige Bodenbakterien (Bacillus amylobacter und Bacillus azotobacter) und die mit den Leguminosen in Symbiose lebenden Knöllchenbakterien haben die Fähigkeit, elementaren Stickstoff der Luft zu binden.

K, Ca, Fe, Mg als K-, Ca-, Fe-, Mg-Ion (K^+, Ca^{++}, Fe^{++}, oder Fe^{+++}, Mg^{++})
S als Sulfation (SO_4^{--})   P als Phosphation (PO_4^{---}).
H und O als H_2O

Merke also: C wird allein – von geringen Mengen CO_3-Ionen abgesehen – als CO_2 aus der Luft durch die Spaltöffnungen der Blätter aufgenommen. Alle anderen Elemente werden in Form gelöster Salze, sogenannter Nährsalze, mit dem Wasser aus dem Erdboden durch die Wurzelhaare aufgenommen.

Die Wasserpflanzen nehmen das Wasser und die Nährsalze nicht nur mit der Wurzel, sondern auch mit der ganzen Oberfläche auf.

Unterschied der Nahrungsaufnahme bei Pflanze und Tier: Pflanze (autotrophe) nimmt exotherme anorganische Stoffe nur in gelöster (molekularer) Form, Tier nimmt endotherme organische Stoffe in nichtgelöster Form auf.

Aufnahme des Wassers

Die Aufnahme des Wassers aus dem Erdboden durch die Wurzelhaare und zum Teil auch der Transport des Wassers in der Pflanze erfolgt durch Osmose.

Osmose

Diffusion ist die durch die Wärmebewegung verursachte Wanderung einzelner Moleküle, worauf die von selbst erfolgende Vermischung von Flüssigkeiten und Gasen beruht.

Osmose ist die Diffusion von Flüssigkeiten durch semipermeable (halbdurchlässige) Scheidewände, das sind poröse Scheidewände, die von einer Lösung nur die kleineren Moleküle des Lösungsmittels (gewöhnlich des Wassers), nicht aber die größeren Moleküle des gelösten Stoffes hindurchlassen.

Werden zwei Lösungen von verschiedener Konzentration des gelösten Stoffes, also von verschiedenem osmotischem Druck [1]), durch eine semipermeable (halbdurchlässige) Scheidewand (Membran), die nur das Lösungsmittel, also nur die reine Flüssigkeit, nicht aber den gelösten Stoff hindurchläßt, voneinander getrennt, so diffundiert das Lösungsmittel, d. h. die reine Flüssigkeit, aus der Lösung geringerer Konzentration, also geringeren osmotischen Druckes, in die Lösung größerer Konzentration, also größeren osmotischen Druckes, hinüber und bewirkt dadurch eine Abnahme der Konzentration und des osmotischen Druckes in der Lösung größerer Konzentration und eine Zunahme der Konzentration und des osmotischen Druckes in der Lösung geringerer Konzentration. Dieser Vorgang heißt **Osmose**. Merke: Die Osmose ist stets so gerichtet, daß das reine Lösungsmittel, also das reine Wasser, aus der hypotonischen Lösung in die hypertonische Lösung hinüberdiffundiert, also daß ein Ausgleich des Unterschiedes der Konzentration und des osmotischen Druckes zweier Lösungen erzielt werden soll. Zwischen zwei isotonischen (isoosmotischen) Lösungen findet keine Osmose statt.

Nachweis der Osmose

1. durch den **Versuch von Pfeffer**: Eine Zuckerlösung in einem Glasrohr (Fig. 48) ist durch eine halbdurchlässige Membran (*poröse Tonzelle mit einem Niederschlag von Ferrocyankupfer, sogenannte Pfeffersche Zelle) von reinem Wasser getrennt. Das Wasser diffundiert durch die semipermeable Membran in die Zucker-

---

1) **Osmotischer Druck** einer Lösung ist der Druck, den der gelöste Stoff ausüben würde, wenn er denselben Raum als Gas einnähme. Der osmotische Druck ist der molaren Konzentration proportional. Eine Lösung heißt im Vergleich zu einer anderen Lösung **isotonisch** (**isoosmotisch**), wenn sie denselben osmotischen Druck, **hypertonisch**, wenn sie einen größeren, **hypotonisch**, wenn sie einen kleineren osmotischen Druck hat.

lösung hinein, so daß in dem Glasrohr die Lösung, die anfangs mit dem Wasser in gleicher Höhe stand, allmählich steigt und dadurch in dem Glasrohr ein hydrostatischer Überdruck entsteht, der mit einem Quecksilbermanometer gemessen wird. Die Lösung steigt so weit, bis der hydrostatische Überdruck gleich dem osmotischen Druck der Lösung ist, so daß man aus dem hydrostatischen Überdruck den osmotischen Druck der Lösung bestimmen kann. Die Pfeffersche Zelle ist also ein Osmometer, d. h. ein Apparat, mit dem man den osmotischen Druck einer Lösung bestimmen kann.

Aus dem Pfefferschen Versuche ergibt sich, daß eine Lösung gegenüber reinem Wasser eine Saugkraft besitzt, die gleich dem osmotischen Druck (osmotischen Wert) der Lösung ist.

2. durch den **Versuch von Traube:** Wirft man in eine schwache Kupfersulfatlösung einen Kristall von gelbem Blutlaugensalz, so wachsen aus diesem merkwürdige Gebilde heraus. Um den Kristall bildet sich zunächst eine konzentrierte Lösung von gelbem Blutlaugensalz, und um diese Lösung herum durch Reaktion mit der Kupfersulfatlösung alsbald eine semipermeable Niederschlagsmembran von Ferrocyankupfer **(Traubesche Zelle).** Das Wasser diffundiert sodann durch diese semipermeable Membran in die Blutlaugensalzlösung hinein, erzeugt darin einen Überdruck, und durch den entstandenen Überdruck zerreißt die Membran. Hierauf bildet sich alsbald eine neue Membran aus Ferrocyankupfer, und dasselbe Spiel beginnt von neuem.

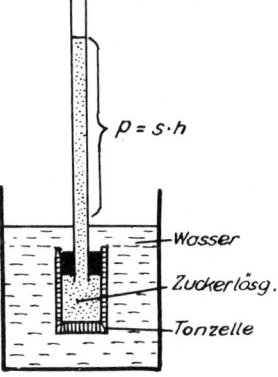

$$p = s \cdot h$$

Wasser

Zuckerlösg.

Tonzelle

Fig. 48. Pfeffersche Zelle (Osmometer)

Osmose bei der Pflanzenzelle

Bei der Pflanzenzelle ist die Zellwand (die Zellulosemembran) ganzdurchlässig (* omnipermeabel), d. h. durch die Zellwand kann die ganze Lösung (Wasser und gelöster Stoff) hindurchtreten. Die Plasmahaut aber ist semipermeabel (halbdurchlässig) und läßt von einer wässerigen Lösung nur das Wasser, nicht aber den gelösten Stoff hindurch. Dies wird bewiesen durch:

Die Plasmolyse

Wird eine Pflanzenzelle (Gewebsschnitt) in eine konzentrierte Zuckerlösung (Konzentration der Zuckerlösung höher als die des Zellsaftes!) gelegt, so tritt infolge der Semipermeabilität der Plasmahaut Osmose ein: das Wasser diffundiert aus der Zelle heraus, und das Plasma schrumpft daher zusammen. Da die Zellwand ganzdurchlässig ist, dringt die Zuckerlösung (Wasser und gelöster Zucker) durch die Zellwand hindurch. Infolgedessen löst sich das Plasma von der Zellwand ab (Fig. 49 b, c). Diese Ablösung des Plasmas von der Zellwand heißt **Plasmolyse,** die eine Plasmolyse bewirkende Lösung, die also einen höheren osmotischen Druck als der Zellsaft hat(!), heißt das **Plasmolytikum.** Nur die Plasmahaut von lebenden Zellen ist semipermeabel und zeigt Plasmolyse. Daher ist die Plasmolyse

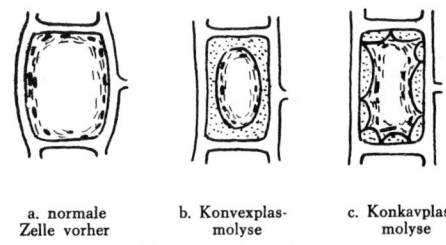

a. normale Zelle vorher

b. Konvexplasmolyse

c. Konkavplasmolyse

Fig. 49. Plasmolyse

ein Beweis dafür: 1. daß die Zellwand omnipermeabel (ganzdurchlässig), die Plasmahaut semipermeabel (halbdurchlässig) ist, 2. daß die Zelle lebend ist [1]). Zellen ohne Zellwand, wie die pflanzlichen Einzellern (z. B. die Flagellaten) und die tierischen Zellen, zeigen keine Plasmolyse, sondern bei ihnen tritt, wenn sie in eine hypertonische Lösung gebracht werden, eine Schrumpfung ein. Da sich bei einer Pflanzenzelle im normalen Zustande die Zellwand im Zustande der Dehnung befindet, so tritt, wenn infolge Osmose das Wasser aus der Zelle herausdiffundiert und sich infolgedessen die Zellwand zusammenzieht und entspannt, vor Beginn der Plasmolyse erst eine Volumenverkleinerung der Zelle ein, und erst, wenn die Zellwand ganz entspannt ist, löst sich bei weiterer Osmose das Plasma von der Zellwand ab. Je nach der Viskosität löst sich das Plasma in verschiedener Form bei der Plasmolyse von der Zellwand ab: bei dünnflüssigem Plasma in konvexer Form (Konvexplasmolyse; Fig. 49 b), bei zähflüssigem Plasma in konkaver Form (Konkavplasmolyse; Fig. 49 c). Daher kann man aus der Plasmolyse auch die Viskosität (Zähflüssigkeit) des Plasmas feststellen.

Deplasmolyse

Wenn eine plasmolysierte Zelle, d. h eine Zelle, bei der infolge Osmose Wasser aus der Zelle herausdiffundiert ist und sich das Plasma von der Zellwand abgelöst hat, wieder in reines Wasser gebracht wird, so diffundiert das Wasser wieder in die Zelle hinein. Das Plasma vergrößert sich wieder und legt sich an die Zellwand wieder an, welcher Vorgang Deplasmolyse heißt.

Die Plasmolyse und die Deplasmolyse werden in der Vorlesung mit farbigen Zellen demonstriert, indem das mikroskopische Bild eines Gewebsschnittes auf die Leinwand projeziert wird. Die Farbe ist durch Anthocyane bewirkt, die im Zellsaft (!) gelöst sind. Bei der Plasmolyse sieht man, wie das Volumen der farbigen Lösung in den einzelnen Zellen sich verkleinert und farbloses Wasser zwischen Zellmembran und Plasmahaut tritt, welcher Vorgang bei der Deplasmolyse wieder zurückgeht.

Grenzplasmolyse

Befindet sich eine Pflanzenzelle in einer Lösung, die gerade noch eine ganz geringe Plasmolyse bewirkt (sogenannte Grenzplasmolyse), so ist diese Lösung isotonisch mit dem Zellsaft. Bestimmt man mit dem Osmometer (der Pfefferschen Zelle S. 67) den osmotischen Druck dieser Lösung, so hat man den osmotischen Druck der betreffenden Zelle festgestellt.

Die osmotischen Verhältnisse bei der lebenden Pflanzenzelle

Der osmotische Wert (osmotischer Druck) der Pflanzenzelle beträgt im allgemeinen 3–10 Atmosphären in den Wurzeln, 30–40 Atmosphären in den Blättern. Einen außerordentlich hohen osmotischen Wert – bis 100 Atmosphären – haben die Zellen der Xerophyten (Pflanzen sehr trockenen Standortes).

Bei einer Pflanze ist der osmotische Wert der Zellen an den verschiedenen Stellen verschieden groß, und zwar in den Blättern am größten, in der Wurzel kleiner. Im allgemeinen nimmt der osmotische Wert der Zellen von unten, also von der Wurzel, nach oben hin zu. Nur in der Wurzel findet beim Übergang von der Endodermis zum Zentralzylinder eine plötzliche Abnahme des osmotischen Wertes in den Zellen statt (sogenannter Endodermissprung), was sich dadurch erklärt, daß die Endodermiszellen durch aktive Arbeit Wasser in den Zentralzylinder pressen.

Da der osmotische Wert der Wurzelzellen größer als der des Bodenwassers ist, so haben die Wurzelzellen eine Saugkraft gegen das Bodenwasser. Diese Saugkraft ist zunächst gleich dem osmotischen Werte der Zelle (vgl. S. 67!). Infolgedessen diffundiert das

---

1) * Daß nur die Plasmahaut der lebenden Zelle semipermeabel ist, wird auch dadurch bewiesen, daß Wasser nur von gekochten roten Rüben rot gefärbt wird, weil durch das Kochen die Zellen abgetötet werden und nun der in den Vakuolen befindliche Farbstoff heraustritt, während der Farbstoff durch die Plasmahaut der lebenden Zelle nicht hindurchtreten kann.

Wasser aus dem Erdboden in die Wurzelzellen hinein, der Zellsaft nimmt an Volumen zu und übt dadurch auf die Plasmaschicht und die einschließende Zellwand einen Druck aus. Dieser durch die Osmose bewirkte Druck des Zellsaftes auf die Plasmaschicht und die Zellwand heißt der **Turgor** oder der **Turgordruck**, und eine solche mit Wasser prall gefüllte Zelle ist **turgeszent**. Mit wachsendem Turgordruck dehnt sich die elastische Zellmembran und bewirkt einen elastischen Gegendruck, den Wanddruck. Dieser Wanddruck sucht aber das Wasser aus der Zelle wieder herauszudrücken, ist also dem osmotischen Drucke entgegengesetzt gerichtet und vermindert die Saugkraft der Zelle, Es ist daher:

Saugkraft der Zelle = Osmot. Wert des Zellsaftes – Wanddruck

(Osmotische Zustandsgleichung der Pflanzenzelle)

Folgerung: Wenn eine Zelle nicht turgeszent ist, so ist der Wanddruck null, also die Saugkraft der Zelle am größten und gleich dem osmotischen Wert des Zellsaftes. Dies ist auch der Zustand der Grenzplasmolyse. Wenn infolge Osmose Wasser in die Zelle eindringt und sich dadurch das Zellvolumen vergrößert, wird die Zelle turgeszent und der Turgor- und Wanddruck nimmt zu, die Saugkraft der Zelle nimmt infolgedessen ab. Wenn die Zelle voll turgeszent ist, dann ist der Wanddruck gleich dem osmotischen Werte des Zellsaftes, und die Saugkraft der Zelle ist null.

Trägt man in einem rechtwinkligen Koordinatensystem den osmotischen Wert (Druck) des Zellsaftes und den Wanddruck (Turgor) als Funktion des Zellvolumens auf, so erhält man das **Diagramm der osmotischen Zustandsgleichung** (Fig. 50). Darin ist BG die Kurve des osmotischen Wertes des Zellsaftes (mit der Volumenzunahme der Zelle durch Wasserzufuhr nimmt die Konzentration, also auch der osmotische Wert des Zellsaftes ab!), AG ist die Kurve des Wanddruckes, und die Vertikalen der Fläche ABG stellen die Saugkraft der Zelle dar, z. B. CE (osmotischer Wert) – CD (Wanddruck) = DE (Saugkraft). Bei A (Grenzplasmolyse) ist Wanddruck null, also Saugkraft gleich osmotischem Wert (AB) ein Maximum. Bei F (Vollturgeszenz der Zelle) ist Wanddruck (FG) gleich osmotischem Wert (FG), also Saugkraft der Zelle null.

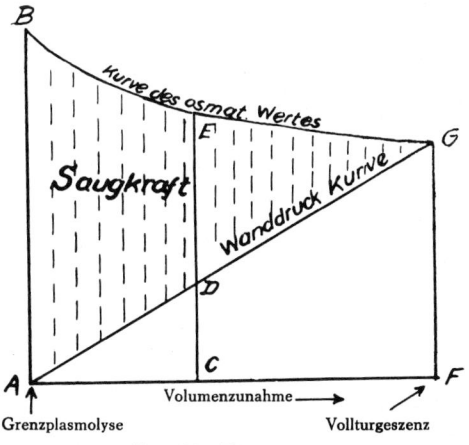

Fig. 50. Diagramm der osmotischen Zustandsgleichung

Wenn also eine Zelle Wasser aufnehmen soll, so darf sie nicht vollturgeszent sein, ferner muß sie einen höheren osmotischen Wert (Druck) als die Umgebung haben; z. B. haben die Wurzelzellen einen höheren osmotischen Wert als das Bodenwasser.

Bei der Plasmolyse muß umgekehrt, damit der Zelle das Wasser entzogen wird, das Plasmolytikum einen höheren osmotischen Wert (Druck) als der Zellsaft haben (!). Eine vollturgeszente Zelle hat eine mechanische Festigkeit genauso wie ein aufgeblasener Gummiball. Wenn daher infolge Wassermangel und Wasserverdunstung eine Pflanzenzelle nicht turgeszent ist, dann verliert sie ihre Festigkeit, und die Pflanze wird schlaff (Welken der Pflanze!).

Die meisten Pflanzen nehmen das Wasser aus dem Erdboden mit den Wurzelhaaren durch Osmose auf. Außer durch Osmose erfolgt die Wasseraufnahme bei manchen Pflanzen, z. B. bei den Flechten, auch durch Quellung. **Quellung** ist die Wasseraufnahme von manchen festen Stoffen unter Volumenvergrößerung. Quellbare Stoffe sind Eiweiß, Stärke, Holz. Durch Quellung erfolgt die erste Wasseraufnahme bei keimenden Samen. Der quellende Körper entwickelt, wenn er an der Volumenzunahme gehindert wird, große Kräfte (Vorlesungsversuch mit quellenden Erbsen, die einen Gipsblock sprengen).

Aufnahme der Nährsalze

Von der Pflanze werden aber auch die Nährsalze zugleich mit dem Wasser aus dem Erdboden durch die Zellen der Wurzelhaare aufgenommen. Die Aufnahme der Salze erfolgt in Form ihrer Ionen. Dies erklärt sich dadurch, daß die Plasmahaut nicht vollständig semipermeabel, d. h. nur für Wassermoleküle durchlässig, ist, sondern daß auch Moleküle und Ionen anderer Stoffe, wenn auch bedeutend langsamer als die Wassermoleküle, durch die Plasmahaut hindurchtreten können.

Die Aufnahme von Salzen durch die Pflanzenzellen erfolgt um so schneller, je kleiner das Ion ist. Die Plasmahaut wirkt also wie ein Filter oder Gitter: je kleiner das Ion ist, um so leichter geht es durch die Poren des Filters hindurch (F i l t e r - o d e r G i t t e r t h e o r i e).

Aber außer Salzen werden von der Plasmahaut auch – sogar sehr leicht – hochmolekulare Stoffe, die fettlösend wirken, wie z. B. Alkohol, Äther, Chloroform, aufgenommen. Dies erklärt man durch die Annahme, daß die Plasmahaut aus den fettartigen Lipoiden besteht, in denen diese organischen Stoffe löslich sind (L i p o i d t h e o r i e).

Nur für Zucker ist die Plasmahaut fast vollständig undurchlässig, deshalb ist für Plasmolyse am besten konzentrierte Zuckerlösung zu nehmen.

D i e S a l z e w e r d e n v o n d e n W u r z e l z e l l e n i m m e r n u r i n g e l ö s t e r F o r m, d. h. a l s e i n z e l n e M o l e k ü l e, g e l ö s t i n W a s s e r, a u f g e n o m m e n. Diese Salzaufnahme durch die Wurzelzellen ist aber kein reiner Diffusionsvorgang, da die Salzkonzentration der Wurzelzellen größer als die des Bodens ist und eine Diffusion nur bis zum Konzentrationsausgleich erfolgen würde. D i e A u f n a h m e d e r S a l z e i s t v i e l m e h r e i n e a k t i v e A r b e i t d e r l e b e n d e n P f l a n z e n z e l l e. Die hierfür erforderliche Energie liefert der Betriebsstoffwechsel der Pflanze. Ferner zeigt die Pflanze bei der Aufnahme von Salzen ein noch nicht aufgeklärtes Wahlvermögen, indem die Salze nicht in den Mengenverhältnissen aufgenommen werden, in denen sie im Boden vorkommen, und außerdem die Mengenverhältnisse der aufgenommenen Salze bei den verschiedenen Pflanzenarten verschieden sind (a r t e i g e n e A u s w a h l).

Da die Salze von der Pflanze nur im gelösten Zustande mit dem Wasser aufgenommen werden, so können die wasserunlöslichen neutralen Phosphate des Kalziums und des Magnesiums zunächst von der Pflanze nicht aufgenommen werden. Die Wurzelhaare scheiden aber Säuren, besonders die durch Atmung entstandene Kohlensäure aus. Durch diese ausgeschiedenen Säuren werden die unlöslichen neutralen Phosphate in die löslichen sauren Phosphate übergeführt und diese dann von den Wurzelhaaren aufgenommen. Die Wurzelhaare vermögen also durch Ausscheiden von Säuren die unlöslichen neutralen Phosphate aufzuschließen, d. h. löslich zu machen. Eine Aufschließung der unlöslichen Salze erfolgt auch durch die abgestorbenen Wurzelhaare, da durch deren Verwesung ebenfalls Säuren entstehen.

Merke gut: D i e A u f n a h m e d e s W a s s e r s u n d d e r N ä h r s a l z e e r f o l g t n i c h t d u r c h d i e g a n z e W u r z e l, sondern nur durch die Wurzelhaare, da an den übrigen Wurzelteilen die äußeren Zellschichten der Wurzelteile verkorkt und daher wasserundurchlässig sind.

Eine Ausnahme machen die Pflanzen, die keine Wurzelhaare haben, das sind die Wasser- und Sumpfpflanzen, und viele Waldbäume, nämlich die Waldbäume mit Pilzwurzeln (siehe später: Mykorrhiza!). Die Wasser- und Sumpfpflanzen nehmen das Wasser und die Nährsalze mit der gesamten Oberfläche auf (vgl. Seite 66!).

Leitung des Wassers und der Nährsalze

Das von den Wurzeln aufgenommene Wasser und die darin gelösten Salze werden in die Blätter, den Hauptort des Wasserverbrauches, geleitet. Die Leitung des Wassers und der Nährsalze erfolgt ·ausschließlich in den Gefäßen (Tracheen, Tracheiden) des Holzteiles, nicht in den Siebröhren des Bastteiles; Beweis dafür ist: 1. D e r R i n g e l u n g s - v e r s u c h : Wenn beim Stamm einer Pflanze ringförmig nur der äußere Bastteil weggeschnitten wird, aber der Holzteil mit den Gefäßen unversehrt stehenbleibt, so daß also die Siebröhren, nicht aber die Gefäße unterbrochen sind, dann bleiben die Blätter frisch und grün und welken nicht. Im umgekehrten Falle aber, wenn die Gefäße, nicht aber die Siebröhren, unterbrochen werden, welken die Blätter. 2. Durch Farbstoffe: Wenn das Bodenwasser durch einen Farbstoff gefärbt wird, so zeigen sich nach einiger Zeit die Gefäße angefärbt, nicht aber die Siebröhren.

Wenn das Wasser mit den Nährsalzen gegen die Schwerkraft aus den Wurzeln bis in die Blätter – manchmal bis 100 m – hoch gehoben wird, so wird Arbeit geleistet. Diese Hebung des Wassers wird bewirkt:

1. durch **Transpirations- und Kohäsionszug in den Gefäßen,** die wichtigste Ursache der Wasserleitung in den Gefäßen: In den Blättern findet durch Verdunstung (Transpiration) des Wassers eine starke Abgabe des Wassers an die Luft statt, wodurch eine starke Saugkraft entsteht, und das Wasser in einem zusammenhängenden Faden in den Gefäßen hochgezogen wird. Der Zusammenhang des Wasserfadens wird durch Kohäsion (Kohäsionskraft) bewirkt. Beweis durch den Vorlesungsversuch mit dem Gipskegel und dem beblätterten Zweige (Fig. 51 a, b).

Zwei mit Wasser gefüllte und in Quecksilber stehende Glasröhren sind oben, die eine mit einem Gipskegel (a), die andere mit einem beblätterten Zweig (b), verschlossen. Der Gipskegel und der beblätterte Zweig bewirken eine starke Verdunstung des Wassers, und, durch die Kohäsionskraft hochgezogen, steigt das Wasser und nachfolgend das Quecksilber in den beiden Glasröhren.

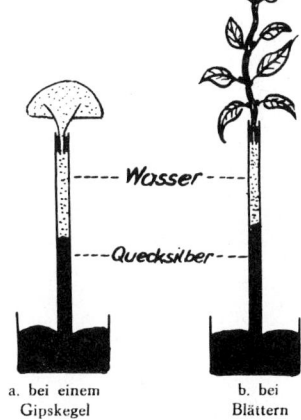

a. bei einem   b. bei
Gipskegel   Blättern

Fig. 51. Transpirations- und Kohäsionszug des Wassers

* Die Kohäsionsspannung des Wassers beträgt etwa 350 Atmosphären. Dieser Wert ist ausreichend, um das Aufsteigen des Wassers bis in die Wipfel der höchsten Bäume zu bewirken. Die Voraussetzung ist natürlich ein zusammenhängender Wasserfaden, also keine Unterbrechung durch Luftblasen. Wenn deshalb ein beblätterter Zweig (Fig. 51 b) den Kohäsionszug des Wassers zeigen soll, so muß er unter Wasser abgeschnitten werden, damit keine Luft in die Gefäße eindringt.

2. durch den **Wurzeldruck,** d. h. durch aktive Tätigkeit der Endodermiszellen in der Wurzel, wodurch Wasser in den Zentralzylinder hineingepreßt wird. Beweis für diesen Wurzeldruck: Wenn – besonders im Frühjahr – Bäume abgeschnitten werden, dann treten infolge des Wurzeldruckes aus der Schnittfläche in reichlicher Menge Säfte heraus (sogenanntes Bluten).

Der Wurzeldruck ist die Ursache für die erste Füllung der Gefäße im Frühjahr, wenn die Bäume noch nicht belaubt sind. Er ist im Frühjahr am größten, daher das Bluten von abgeschnittenen Bäumen im Frühjahr am stärksten. Der Wurzeldruck erreicht nicht den Wert von 1 Atmosphäre, könnte also allein das Wasser nicht bis zu 10 m Höhe hinaufpressen.

3. durch **kapillare Kräfte:** kapillare Aufsaugung (* sogenannte Imbibition) in den Kapillaren der Zellwände und der Intermizellarräume; von geringerer Bedeutung.

4. durch **osmotische Kräfte** von Zelle zu Zelle, und zwar in den Wurzeln und Blättern, indem das Wasser aus den Zellen geringerer Konzentration in die Zellen höherer Konzentration hinüberdiffundiert (Osmose; siehe Seite 66!).

* Die Voraussetzung für den Wassertransport durch die Osmose ist: 1. Semipermeable Wände der Zellen: dies sind die Plasmahäute der Zellen. 2. Unterschied der Konzentration und somit des osmotischen Druckes von Zelle zu Zelle, sogenanntes Konzentrationsgefälle. In den Wurzeln wird das Konzentrationsgefälle dadurch aufrechterhalten, daß die Endodermiszellen der Wurzeln aktiv Wasser

in den Zentralzylinder pressen. In den Blättern wird das Konzentrationsgefälle (Zunahme der Kontration von innen nach außen) durch die Verdunstung des Wassers in den äußeren Zellschichten bewirkt.

Durch den stetigen Wasserstrom aus den Wurzeln in die Blätter erfolgt ein ständiger Transport der aufgenommenen Nährsalze aus der Wurzel in die Blätter, also von unten nach oben.

Bedeutung des Wassers für die Pflanze

Das Wasser dient der Pflanze für folgende Zwecke:

1. als Lösungs- und Transportmittel für die Nährsalze, für Gase (CO_2, O_2) und für die durch die Assimilation entstandenen Stoffe (Assimilate),

2. als Quellungswasser für den kolloidalen Zustand des Plasmas,

3. als Baustoff für den Aufbau der Kohlehydrate (siehe später bei Photosynthese!),

4. als Reaktionsmittel für die in der Pflanze stattfindenden chemischen Reaktionen und zum Teil auch als Reaktionsteilnehmer, z. B. bei den hydrolytischen Spaltungen und bei der Photosynthese,

5. zur Aufrechterhaltung des Turgors in den Zellen und somit zur Festigung der Pflanze (vgl. Seite 69!); bei Wassermangel werden z. B. die Blätter schlaff, sie welken.

Das Wasser ist also für die Pflanzen unbedingt notwendig. Wasserentzug bewirkt daher den Tod der Pflanze. Nur einige Pflanzen wie Moose, Flechten und vor allem viele Keime (Sporen, Samen) überstehen in einem Zustande der Trockenstarre die fast völlige Austrocknung (vgl. Seite 57!).

Der größte Teil des von der Pflanze aus dem Erdboden aufgenommenen Wassers wird aber von der Pflanze durch die Blätter wieder abgegeben, und zwar:

1. durch **Transpiration** (Verdunstung):

   a) **stomatäre Transpiration**, das ist die Abgabe von dampfförmigem Wasser durch die Spaltöffnungen (Stomata); mengenmäßig die größte und wichtigste, außerdem regulierbar,

   b) **kutikuläre Transpiration**, das ist die Verdunstung durch die Kutikula hindurch; mengenmäßig sehr gering, nicht regulierbar,

2. durch **Guttation**, das ist die Abgabe von tropfbar flüssigem Wasser ebenfalls durch die Blätter, nicht regelmäßig.

Unterwegs von der Wurzel bis zum Blatt wird so gut wie gar kein Wasser abgegeben, da der Sproß durch seine äußerste Korkschicht und durch die Borke gegen Wasserverdunstung gut geschützt ist.

Die Transpiration

Transpiration ist die Wasserabgabe der Blätter durch Verdunstung, also die Abgabe von dampfförmigem (!) Wasser. Sie erfolgt durch die Stomata Spaltöffnungen), **stomatäre Transpiration**, und durch die Kutikula, **kutikuläre Transpiration**. Die stomatäre Transpiration ist regulierbar und mengenmäßig bei weitem überwiegend, sie ist sogar die größte und wichtigste Wasserabgabe der Pflanze. Die kutikuläre Transpiration ist nur geringfügig und nicht regulierbar. Die Wasserverdunstung erfolgt innerhalb des Blattes an den Grenzflächen der Parenchymzellen und der Interzellularräume, besonders in dem an Interzellularräumen reichen Schwammparenchym. Die Interzellularräume füllen sich mit Wasserdampf bis zur Sättigung. Durch die Spaltöffnungen tritt der Wasserdampf ins Freie, also durch die Spaltöffnungen tritt nur dampfförmiges, nicht flüssiges Wasser heraus(!).

Da das Schwammparenchym und die Spaltöffnungen sich auf der Unterseite des Blattes befinden (vgl. Seite 37!), so erfolgt die stomatäre Transpiration nur auf der Unterseite des Blattes.

Die Transpiration (Wasserverdunstung) ist nur möglich, wenn die Luft nicht mit Wasserdampf gesättigt ist. Je geringer die Sättigung der Luft ist, um so stärker ist die Transpiration. Bei trockener Luft ist daher die Transpiration größer, bei feuchter Luft geringer. Wind bewirkt ebenfalls eine Erhöhung der Transpiration, weil durch Luftbewegung die gesättigte Luft von der Pflanze entfernt wird.

Unter dem Sättigungsdefizit versteht man die Differenz zwischen der maximalen Feuchtigkeit und der wirklich vorhandenen Feuchtigkeit. Je größer das Sättigungsdefizit ist, um so größer ist die Transpiration.

Veränderung der stomatären Transpiration

Die stomatäre Transpiration ist veränderlich. Sie hängt von der Größe der Spaltöffnung ab; diese ist veränderlich. Je größer die Öffnung der Spaltöffnungen ist, um so größer ist natürlich die stomatäre Transpiration. Die Öffnung der Stomata wird durch Turgorschwankungen der Schließzellen (siehe Seite 38!) reguliert. Bei großem Turgor der Schließzellen erfolgt Öffnung, bei kleinem Turgor der Schließzellen Schließung der Stomata (siehe Genaueres über den Mechanismus Seite 38!) Die Turgorschwankungen der Schließzellen werden aber verursacht:

1. durch Änderung der Luftfeuchtigkeit,

2. durch Änderung der auffallenden Lichtintensität.

1. Turgorschwankungen der Schließzellen durch Luftfeuchtigkeit

Bei großer Luftfeuchtigkeit (= kleinem Sättigungsdefizit) ist zunächst die Verdunstung gering. Infolgedessen sind die Schließzellen sehr wasserreich und haben einen großen Turgor. Großer Turgor bewirkt aber weitere Öffnung der Spaltöffnungen (Stomata). Wenn die Luftfeuchtigkeit aber gering ist (= großes Sättigungsdefizit), ist zunächst die Verdunstung sehr stark. Infolgedessen werden die Schließzellen wasserarm und der Turgor in ihnen klein, was eine Schließung der Spaltöffnungen bewirkt.

2. Turgorschwankungen der Schließzellen durch Licht

Bei starker Belichtung der Schließzellen, also bei Tag und besonders bei Sonnenschein, verwandelt sich in den Schließzellen die unlösliche Stärke der Chloroplasten in löslichen Traubenzucker. Dadurch wird der osmotische Druck und somit die Saugkraft der Zelle erhöht. Infolgedessen diffundiert Wasser in die Schließzellen hinein, der Turgor nimmt zu, und die Turgorzunahme in den Schließzellen bewirkt Öffnung der Stomata. Bei Dunkelheit, also in der Nacht, verwandelt sich der Traubenzucker in den Schließzellen wieder in unlösliche Stärke, infolgedessen nehmen der osmotische Druck und die Saugkraft der Schließzellen ab. Wasser diffundiert daher aus den Schließzellen heraus, der Turgor in ihnen nimmt ab, und die Spaltöffnungen schließen sich.[1]

Merke also: Hohe Luftfeuchtigkeit und starkes Licht (Tag) bewirken Öffnung der Stomata, geringe Luftfeuchtigkeit und schwaches Licht (Dunkelheit und Nacht) bewirken Schließung der Stomata!

Die Pflanzen trockenen Standortes (Xerophyten) müssen, da ihnen weniger Wasser zur Verfügung steht, ihre Transpiration verringern; daher sind Spaltöffnungen eingesenkt, Blätter behaart, Blattoberfläche verkleinert. Die Pflanzen feuchten Standortes (Hygrophyten) hingegen zeigen eine verstärkte Transpiration; bei ihnen sind die Spaltöffnungen aus der Blattoberfläche herausgehoben.

1) Die Lichtempfindlichkeit der Schließzellen beruht wahrscheinlich auf den Karotinoiden durch Absorption von gelblichgrünem und blauviolettem Lichte.

Die Transpiration der Pflanzen hängt also ab von der Luftfeuchtigkeit, von der Temperatur (Dampfdruck des Wassers von der Temperatur abhängig!), vom Licht und von der Natur der Pflanze.

Bedeutung der Transpiration

1. Die Transpiration bewirkt durch den Verbrauch von Verdampfungswärme eine Abkühlung der Pflanze, so daß die Pflanze auch bei wärmstem Sonnenlichte fast dieselbe Temperatur wie die Luft hat und eine schädliche Überhitzung der Pflanze durch Sonnenstrahlen vermieden wird.

2. Die Transpiration der Pflanze bewirkt eine Saugwirkung, wodurch das Wasser mit den Nährsalzen aus den Wurzeln innerhalb der Gefäße bis in die Blätter hoch gehoben wird (siehe Seite 69!). Merke: Die Transpiration der Blätter ist der Motor für den Wasser- und Nährsalztransport der Pflanze!

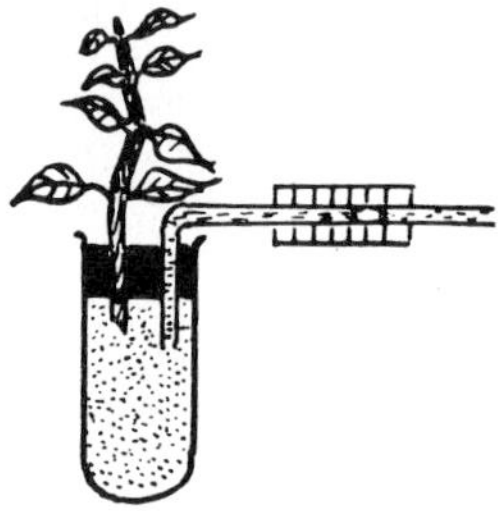

Nachweis der Transpiration der Blätter

1 Qualitativer Nachweis mit blauem Kobaltchloridpapier, das sich durch Anfeuchten rot färbt. Wird ein Blatt auf Kobaltchloridpapier gelegt, so färbt sich dieses, da es durch die Transpiration des Blattes feucht wird, rot. Man kann so mit dem Kobaltchloridpapier auch nachweisen, daß die Transpiration des Blattes überwiegend auf der Unterseite des Blattes stattfindet.

2. Quantitativer Nachweis: a. Ein abgeschnittenes Blatt oder eine Topfpflanze werden von Zeit zu Zeit gewogen. Der Gewichtsverlust gibt die Wassermenge an, die von der Pflanze durch Transpiration abgegeben wurde. b. Mit dem Potometer (Fig. 52). Ein abgeschnittener Zweig befindet sich luftdicht abgeschlossen in einem mit Wasser gefüllten Glase. Die Transpiration der Blätter erkennt man daran, daß eine Luftblase in einem graduierten kapillaren Seitenrohr nach dem Gefäß zu wandert.

Fig. 52. Potometerversuch

Guttation

Guttation, das ist die Abgabe von flüssigem Wasser durch die Blätter, findet nur statt, falls bei warmer, feuchter Luft, wenn die Luft mit Wasserdampf gesättigt ist, die Transpiration gehemmt ist, so besonders nach feuchtwarmen Nächten, z. B. die Wassertropfen an den Gräsern, die fälschlich als Tautropfen angesehen werden. Die Ursache der Guttation ist teils der Wurzeldruck, teils eine aktive Auspressung des Wassers. Diese Auspressung erfolgt entweder durch funktionslose Spaltöffnungen oder durch besondere Spalte, die Hydathoden heißen.

Merke den Unterschied zwischen Guttation und Transpiration: Die Guttation ist die aktive Ausscheidung von flüssigem Wasser, die Transpiration ist die Abgabe von dampfförmigem Wasser, also der Austritt einzelner Wassermoleküle!

Wasseraufnahme, Wasserleitung, Wasserverbrauch und Wasserabgabe machen den Wasserhaushalt der Pflanze aus.

13. Kapitel

Autotrophie und Heterotrophie der Pflanze

Autotrophe Pflanzen sind Pflanzen, die nicht von organischen Stoffen leben, sondern die organische Stoffe aus anorganischen Stoffen selbst herstellen.

Die zum Aufbau von organischen Stoffen benötigte Energie gewinnen die autotrophen Pflanzen entweder durch die P h o t o s y n t h e s e oder durch die C h e m o s y n t h e s e. Demgemäß gibt es zwei Arten von autotrophen Pflanzen, nämlich:

1. **Chlorophyllhaltige Pflanzen,** die zur Photosynthese befähigt sind, die nämlich zur Darstellung der organischen Verbindungen Strahlungsenergie (Energie des Sonnenlichtes) mit Hilfe des Chlorophylls aufnehmen.

2. **Chlorophyllfreie autotrophe Pflanzen,** nämlich autotrophe Bakterien, die Chemosynthese betreiben, die nämlich die zum Aufbau der organischen Verbindungen benötigte Energie durch Oxydation von anorganischen Verbindungen gewinnen; die wichtigsten autotrophen Bakterien, die Chemosynthese ausführen, sind:

    1. Nitrifizierende Bakterien (Nitrit- und Nitratbakterien),

    2. Schwefelbakterien,

    3. Knallgasbakterien,

    4. Eisenbakterien.

Die chlorophyllhaltigen autotrophen Pflanzen sind durch das grüne Chlorophyll meist grün, mit Ausnahme der Rot- und Blaualgen, die zwar auch Chlorophyll enthalten, bei denen aber die grüne Farbe des Chlorophylls durch andere Farbstoffe verdeckt ist. Die chlorophyllfreien autotrophen Bakterien sind farblos.

Assimilation heißt der Aufbau von endothermen organischen Verbindungen unter Aufnahme von Energie; die bei der Assimilation entstandenen organischen Verbindungen heißen **Assimilate.**

A. Assimilation der Kohlensäure

Assimilation der Kohlensäure ist der Aufbau der Kohlehydrate (Traubenzucker, Stärke) aus Kohlendioxyd (CO_2) und Wasser unter Energieaufnahmen, und zwar:

1. **Photosynthese** bei chlorophyllhaltigen Pflanzen unter Aufnahme von Lichtenergie, die wichtigste Synthese.

2. **Chemosynthese** bei chlorophyllfreien, nichtgrünen autotrophen Pflanzen (autotrophen Bakterien) durch die Oxydation von anorganischen Verbindungen, von geringerer Bedeutung.

1. Photosynthese

Die **Photosynthese** [1] ist der Aufbau der Stärke ($[C_6H_{10}O_5]n$) aus Kohlendioxyd (CO_2) und Wasser (H_2O) unter Aufnahme von Lichtenergie durch das Chlorophyll der Chloroplasten (S. 13 und S. 19/20), wobei freier Sauerstoff (O_2) entsteht. Die Photosynthese ist also eine endotherme chemische Reaktion, und zwar ein Reduktionsvorgang; die für den Aufbau der Stärke erforderliche Energie liefert das Licht, und zwar nur das sichtbare (!) Licht.

---

[1] Photosynthese, so genannt, weil es eine chemische Synthese unter Aufnahme von Lichtenergie ist (griechisch: phos, photos Licht).

Bei der Photosynthese entsteht als erstes Assimilationsprodukt der Traubenzucker ($C_6H_{12}O_6$). Merke:

Die Assimilationsgleichung
(Bruttogleichung der Photosynthese)

$$6\ CO_2\ +\ 6\ H_2O\ +\ 675\ Kal\ ^{1)}\ \xrightarrow[\text{Chlorophyll}]{+\ \text{Lichtenergie}}\ C_6H_{12}O_6\ +\ 6\ O_2$$

6 Mol   6 Mol   1 Mol   6 Mol
6 Molvolumen $^{2)}$ 6 Molvolumen

Mit der Photosynthese ist daher ein Gasaustausch verbunden, indem die Pflanze aus der Luft Kohlendioxyd (CO_2) aufnimmt und elementaren Sauerstoff (O_2) an die Luft abgibt. Unter dem **Assimilationsquotienten,** auch p h o t o s y n t h e t i s c h e r Q u o t i e n t (P. Q.) genannt, versteht man das Volumenverhältnis des ausgeschiedenen Sauerstoffes zum aufgenommenen Kohlendioxyd, also:

$$\text{A s s i m i l a t i o n s q u o t i e n t\ (P.\,Q.)}\ =\ \frac{O_2\text{-Volumen}}{CO_2\text{-Volumen}}\ =\ \frac{6\ \text{Volumen}}{6\ \text{Volumen}}\ =\ 1$$

Der Assimilationsquotient ist also, wie es sich aus der Assimilationsgleichung ergibt, normalerweise 1. Daher ändert sich bei gleichbleibendem Drucke durch die Assimilation der Pflanzen nicht das Volumen der die Pflanzen umgebenden Luft.

Chemismus der Photosynthese

Die Photosynthese besteht aus zwei verschiedenen, zeitlich aufeinander folgenden Vorgängen, nämlich:

I. S p a l t u n g d e s W a s s e r s i n a t o m a r e n W a s s e r s t o f f u n d H y d r o x y l - r a d i k a l unter Aufnahme von Lichtenergie durch Vermittlung des Chlorophylls, sogenannte L i c h t r e a k t i o n (p h o t o t e c h n i s c h e R e a k t i o n).

II. R e d u k t i o n d e s K o h l e n d i o x y d e s durch den entstandenen atomaren Wasserstoff zu Kohlehydraten (Traubenzucker) ohne Lichtaufnahme, aber unter Einwirkung von Fermenten, und die Beseitigung des giftigen Hydroxylradikales, wobei elementarer Sauerstoff entsteht, sogenannte D u n k e l - oder F e r m e n t r e a k t i o n .

I. Die Lichtreaktion

Bei der Lichtreaktion (phototechnischen Reaktion) wird ein Wassermolekül durch ein Lichtquant ($h\nu$), also durch Aufnahme von Lichtenergie in atomaren (!), also sehr reaktionsfähigen Wasserstoff und ein ebenfalls sehr reaktionsfähiges Hydroxylradikal (!) gespalten, also:

$$H_2O\ \xrightarrow{+\ h\nu}\ [H]\ +\ [OH]$$

Wassermolekül   Photowasserstoff ($H^{\cdot}$)   Photohydroxyl ($\cdot\ddot{O}{:}H$)

Die zur Spaltung des Wassermoleküles verwandte Lichtenergie wird zuerst von dem Chlorophyll aus dem sichtbaren (!) Lichte aufgenommen (absorbiert) und dann an das Wassermolekül abgegeben, also in chemische Energie verwandelt. Diese Reaktion heißt deshalb, weil das Wasser durch Aufnahme von Lichtenergie gespalten wird, auch P h o t o - l y s e oder P h o t o d i s s o z i a t i o n d e s W a s s e r s , und die hierbei entstandenen Teile des Wassermoleküles heißen P h o t o w a s s e r s t o f f [H] und P h o t o h y d r o x y l [OH]. Beachte, daß bei der Photolyse des Wassers sehr reaktionsfähiger atomarer Wasserstoff ($H^{\cdot}$), also Wasserstoff mit starker reduzierender Eigenschaft, und das ebenfalls sehr reaktions-

---

1) Kal, große Kalorie oder Kilogrammkalorie, ist die Wärmemenge, die ein Kilogramm Wasser um 1^0 Celsius erwärmt.

2) Molvolumen ist das Volumen eines Moles; das Molvolumen eines jeden Gases (!) beträgt bei 0^0 Celsius und 1 Atmosphäre 22,4 Liter, also alle Gase (!) haben dasselbe Molvolumen.

fähige Hydroxylradikal (·Ö:H) entstehen! Die phototechnische Reaktion (Photolyse des Wassers) findet nur im sichtbaren(!) Licht statt; sie ist also lichtabhängig.

II. Die Dunkel- oder Fermentreaktion

Der weitere Verlauf der Photosynthese erfolgt ohne weitere Aufnahme von Lichtenergie, aber unter Einwirkung von verschiedenen Fermenten. Durch den sehr reaktionsfähigen Photowasserstoff [H] wird – summarisch angesehen – CO_2 zu Kohlehydrat (Hexose) reduziert. Diese Reduktion erfolgt – genauer betrachtet – in folgenden Stufen: 1. Durch ein Ferment wird CO_2 an die Pentose Ribulose ($C_5H_{10}O_5$) angelagert, wodurch eine Carbonsäure entsteht, sogenannte Carboxylierung; Ferment: Carboxylase. 2. Diese Carbonsäure wird hydrolytisch, d. h. unter Wasseraufnahme, in zwei Moleküle Glycerinsäure gespalten (Ferment: Hydrolase). 3. Die Glycerinsäure wird nun durch den reaktionsfähigen Photowasserstoff zu Glycerinaldehyd, der eine Triose ist, reduziert. 4. Zwei Moleküle Glycerinaldehyd kondensieren zu einem Molekül Hexose (Traubenzucker). Die Gleichungen für diese chemischen Reaktionen sind:

1. Carboxylierung der Ribulose

$$C_5H_9O_5\text{–}H + CO_2 \xrightarrow{\text{Carboxylase}} C_5H_9O_5\text{–}COOH$$
Ribulose · Carbonsäure

2. Hydrolytische Spaltung der Carbonsäure

$$C_5H_9O_5\text{–}COOH + H_2O \xrightarrow{\text{Hydrolase}} 2\,CH_2\text{·}OH\text{–}CH\text{·}OH\text{–}COOH$$
Carbonsäure · Glycerinsäure

3. Reduktion der Glycerinsäure durch den Photowasserstoff [H]

$$CH_2\text{·}OH\text{–}CH\text{·}OH\text{–}COOH + 2\,[H] \longrightarrow CH_2\text{·}OH\text{–}CH\text{·}OH\text{–}CHO + H_2O$$
Glycerinsäure · · · · Photowas-serstoff · · · · Glycerinaldehyd ($C_3H_6O_3$)

4. Kondensation von 2 Molekülen Glycerinaldehyd zu Hexose

$$2\,C_3H_6O_3 \longrightarrow C_6H_{12}O_6$$
Hexose (Traubenzucker)

In Wirklichkeit erfolgen die angeführten Reaktionen nicht mit der Ribulose selbst, sondern mit dem Ribulosephosphat, und es bilden sich demnach nicht die Glycerinsäure und der Glycerinaldehyd, sondern deren Phosphorverbindungen (Phosphate): Phosphoglycerinsäure und Phosphoglycerinaldehyd. Aus dem Phosphoglycerinaldehyd bildet sich die Hexose. Ein Teil der Hexose wird aber wieder zum Ribulosephosphat zurückverwandelt, das so erneut CO_2 aufnehmen kann. Das Ribulosephosphat spielt also bei der Reduktion des CO_2 zu Kohlehydraten die wichtige Rolle des CO_2-Akzeptors.

Bei der phototechnischen Reaktion, der Photodissoziation des Wassers, war auch das Photohydroxyl [OH] entstanden. Dieses Hydroxyl wird, da es als ein sehr reaktionsfähiges Radikal ein Zellgift ist, durch Disproportionierung (Dismutation)[1] in Wasser und elementaren (molekularen) Sauerstoff (O_2) verwandelt und dadurch beseitigt, nämlich:

$$4\,[OH] \longrightarrow 2\,H_2O + O_2$$

Der bei der Photosynthese der Pflanze entstandene Sauerstoff entstammt also dem Wasser (H_2O), nicht dem Kohlendioxyd (CO_2). Diese wichtige Tatsache ist durch Versuche mit radioaktiven künstlichen Sauerstoffisotopen[2] festgestellt worden. Wird einer Versuchspflanze CO_2, das radioaktives Sauerstoffisotop enthält, zur Verfügung gestellt, so ist der bei der Photosynthese entstandene Sauerstoff nicht radioaktiv. Enthält aber das der Pflanze gegebene Wasser radioaktiven Sauerstoff, so ist der von der Pflanze ausgeatmete Sauerstoff radioaktiv.

---

[1] Disproportionierung, auch Dismutation genannt, ist die gleichzeitige Reduktion und Oxydation eines Stoffes durch sich selbst. OH wird zu H_2O reduziert und zu O_2 oxydiert.

[2] Radioaktive künstliche Isotope und ihre Bedeutung für die Aufklärung von chemischen Reaktionen: siehe Dr. O. Sckell, Allgemeine Chemie, 10. Kapitel!

Der bei der Photosynthese gebildete Traubenzucker wird bei den meisten Pflanzen sofort unter Wasserabspaltung in Stärke, sogenannte **Assimilationsstärke,** verwandelt. Diese Assimilationsstärke wird zunächst in den Chloroplasten (S. 13) gespeichert und kann darin durch die Jodstärkereaktion (s. S. 15!) nachgewiesen werden oder mit dem Mikroskop als Stärkekörner erkannt werden. Die Bildung der Stärke aus Traubenzucker erfolgt ohne Aufnahme von Lichtenergie; sie ist daher vom Licht unabhängig und kann deshalb auch im Dunkeln vor sich gehen. Durch die Verwandlung des löslichen Traubenzuckers in die unlösliche Stärke wird durch die Pflanze eine Erhöhung des osmotischen Druckes in den assimilierenden Zellen vermieden.

Nur bei einigen wenigen Pflanzen, wie z. B. Lauch- und Zwiebelgewächsen, findet bei der Photosynthese keine nennenswerte Verwandlung des Traubenzuckers in Stärke statt, so daß die Blätter dieser Pflanzen einen höheren Traubenzuckergehalt haben und daher süß schmecken (sogenannte Zuckerblätter).

Die Photosynthese erfolgt nur in den chlorophyllhaltigen Chloroplasten, also in allen grünen Pflanzenteilen, nicht aber in den nicht-grünen Teilen. Der wichtigste Ort der Photosynthese ist das Palisadenparenchym der grünen Blätter (siehe Seite 37!), das deshalb auch Assimilationsparenchym heißt.

Nachweis der Photosynthese

Der Nachweis der Photosynthese wird geführt, indem nachgewiesen wira, daß in grünen Pflanzenteilen nach Belichtung Stärke entstanden und zugleich Kohlendioxyd gebunden und Sauerstoff frei geworden ist. Merke die wichtigsten Nachweise der Photosynthese:

1. durch Jodstärkereaktion (Sachs'sche Stärkeprobe): Ein grünes Blatt, das eine Zeitlang verdunkelt war und daher keine Stärke enthält, zeigt nach Belichtung Blaufärbung durch Jod (Jod gibt mit Stärke blaue Farbe; siehe Seite 15!). Wird das grüne Blatt nur stellenweise belichtet, so zeigen nur die belichteten Stellen Blaufärbung durch Jod, wodurch bewiesen ist, daß die Stärkebildung nur durch Licht erfolgt (Vorlesungsversuch!).

2. durch grüne Wasserpflanzen wie z. B. durch die Wasserpest: Die Wasserpflanzen scheiden, wenn sie belichtet werden, an Schnittflächen in reichlicher Menge Sauerstoff ab, der im Wasser als sichtbare Glasbläschen emporsteigt (Vorlesungsversuch); der Sauerstoff kann in einem Glase aufgefangen und als solcher mit einem glimmenden Holzspan (Entflammung!) nachgewiesen werden.

3. durch chemotaktisch auf Sauerstoff reagierende Bakterien, die Sauerstoff aufsuchen (Engelmann'scher Versuch): Wenn z. B. Algen teilweise belichtet werden, dann sammeln sich diese Sauerstoff suchenden Bakterien an den Algenstellen an, die vom Licht getroffen werden, weil an diesen Stellen durch Photosynthese Sauerstoff entsteht.

4. durch die verbrauchte CO_2-Menge, die gasanalytisch bestimmt wird; es kann auch gezeigt werden, daß in einer CO_2-freien Luft eine grüne Pflanze nicht gedeiht. Durch die CO_2-Assimilation erfährt die Pflanze eine Gewichtszunahme; diese kann durch die Bestimmung der Trockengewichtszunahme gefunden werden.

Die Photosynthese ist an vier Bedingungen geknüpft:

1. Vorhandensein von Kohlendioxyd und Wasser,
2. Vorhandensein von Chlorophyll in lebenden Chloroplasten,
3. Bestrahlung mit Licht von bestimmter Wellenlänge,
4. Bestimmte Temperatur.

1. Die Bedeutung des CO_2 für die Photosynthese

Das zur Photosynthese erforderliche CO_2 nimmt die Pflanze hauptsächlich aus der Luft durch die Spaltöffnungen der Blätter oder als Bikarbonat in Wasser gelöst durch die Wurzeln auf, zu einem geringen Teil wird das durch eigene Veratmung entstandene CO_2 zur Photosynthese verwendet. Obwohl infolge der Photosynthese durch die Pflanzen große Mengen CO_2 chemisch gebunden und zur Synthese von organischen Verbindungen verwendet werden, so bleibt trotzdem der CO_2-Gehalt der Luft konstant, weil andererseits die von der Pflanze aufgebauten organischen Verbindungen durch Tiere oder Pflanzen, besonders durch die Bodenbakterien (!), wieder abgebaut oder auch vom Menschen verbrannt werden, wobei wieder CO_2 entsteht. CO_2 ist für die Pflanze ein Minimumstoff. Durch Vergrößerung der CO_2-Konzentration wird daher das Wachstum und der Ertrag der Pflanzen erhöht (Anwendung: Begasung von Treibhäusern mit CO_2; vergleiche Seite 65!).

2. Bedeutung des Lichtes für die Photosynthese

Die Photosynthese ist eine endotherme chemische Reaktion, bei der aus energiearmen (exothermen) Stoffen (CO_2, H_2O) die energiereichen (endothermen) Kohlenhydrate (Zucker, Stärke) aufgebaut werden. Die dazu erforderliche Energie erhält die Pflanze durch Absorption von Licht (Strahlungsenergie). Die grünen Pflanzen sind also photochemische Maschinen, die Strahlungsenergie in chemische Energie umwandeln. Strahlungsenergie kann die Pflanze nur bei Licht aufnehmen. Deshalb findet die Photosynthese nur bei Tage, nicht in der Nacht statt. Aber nicht jedes Licht, d. h. nicht alle Spektralfarben (Wellenlängen) des sichtbaren Lichtes sind für die Photosynthese wirksam, sondern im stärksten Grade das orangerote Licht und im geringeren Grade auch das blaue Licht; es sind dies dieselben Farben, die auch vom Chlorophyll am stärksten absorbiert werden (siehe Seite 20). Das grüne Licht ist so gut wie garnicht für die Photosynthese wirksam. Die Wirksamkeit der einzelnen Farben für die Photosynthese wird nachgewiesen durch den Versuch von Engelmann (Seite 78): Zerlegt man weißes Licht mit Hilfe eines Prismas in seine Spektralfarben und läßt das Spektrum auf einen grünen Algenfaden in Gegenwart von Sauerstoffbakterien fallen, so sammeln sich diese Bakterien an den Stellen an, wo durch Photosynthese Sauerstoff entsteht; dies ist vor allem im Rot und in geringerem Maße auch im Blau.

* Manche Pflanzen, wie z. B. die Rotalgen und Blaualgen, können auch grünes Licht für die Photosynthese verwerten; dies beruht auf der Mitwirkung anderer Farbstoffe. Nicht alles von der Pflanze absorbierte Licht wird in chemische Energie verwandelt, sondern nur ein kleiner Teil, der größte Teil wird in Wärme verwandelt.

* Die Stärke der Photosynthese hängt von der Intensität des einfallenden Lichtes ab und nimmt mit steigender Lichtintensität zu, aber nicht unbegrenzt, sondern nur bis zu einem Maximum. Bei noch größerer Lichtintensität nimmt die Photosynthese wieder ab.

3. Bedeutung des Chlorophylls für die Photosynthese

Chlorophyll, der in den Chloroplasten befindliche grüne Farbstoff (siehe Seite 19/20!) spielt bei der Photosynthese vor allem die Rolle eines Sensibilisators, d. h. eines lichtempfindlichen Stoffes, der durch seine Anwesenheit eine an sich lichtunempfindliche Reaktion lichtempfindlich macht wie z. B. die Sensibilisatoren (gleichfalls Farbstoffe!) bei der photographischen Platte. Die sensibilisierende Wirkung des Chlorophylls - wie überhaupt aller Sensibilisatoren - besteht darin, daß es erst Lichtenergie absorbiert und dann die absorbierte Energie für die chemische Reaktion, also hierbei der Photosynthese für die Spaltung des Wassers (Photodissoziation) hergibt. Aber ein Sensibilisator absorbiert nicht alle Farben von dem einfallenden weißen Lichte, sondern nur ganz bestimmte; deshalb sind alle Sensibilisatoren Farbstoffe. Auch das Chlorophyll absorbiert nur bestimmte Farben und zwar am stärksten Rot und Blau, gerade das Licht, das auch für die Photosynthese am wirksamsten ist. Grün wird von Chlorophyll nur sehr gering absorbiert, worauf die grüne Farbe des Chlorophylls beruht. Chlorophyll bewirkt die Photosynthese nur, wenn es in protoplasmatischer Struktur, d. h. an die

Grana (Seite 13) in den Chloroplasten, gebunden ist, also so natürlich innerhalb der lebenden Pflanzenzellen. Aber auch außerhalb der lebenden Zellen können Chloroplasten, ja sogar Bruchstücke von Grana mit Chlorophyll in wässeriger Suspension bei Licht die Photolyse ($H_2O \longrightarrow [H] + [OH]$) bewirken, wenn man als H-Akzeptoren leicht reduzierbare Stoffe (z. B. Chinon, Ferrisalze) zusetzt; sogen. **Chloroplastenreaktion** (Nachweis durch den entstandenen Sauerstoff). Leitet man in die Chloroplastenreaktion CO_2 hinein, so konnte als Produkt auch Zucker nachgewiesen werden. D i e Chloroplastenreaktion ist der Beweis dafür, daß die Photolyse, d. h. die Spaltung des Wassers in Wasserstoffatom und Hydroxyl unter Aufnahme von Lichtenergie und unter Mitwirkung des Chlorophylls, unabhängig von CO_2 ist und nur vor sich geht, wenn das Chlorophyll protoplasmatisch an die Grana gebunden ist. Hauptort der Photosynthese sind die Grana der Chloroplasten in den Zellen des Palisadenparenchyms (Seite 37) der grünen Blätter. Photolyse oder sogar die vollständige Photosynthese mit isolierten Chlorophyllmolekülen ist bisher noch nicht gelungen, und man muß annehmen, daß dies nicht möglich ist.

Chlorophyll ist bei allen grünen Pflanzen dasselbe, ist also nicht artspezifisch. Es gibt zwei Arten: Chlorophyll a (blaugrün) und Chlorophyll b (gelbgrün), die sich chemisch nicht stark voneinander unterscheiden (siehe Genaueres Seite 19!). Chlorophyll a und b kommen stets zusammen und fast in allen Pflanzen in demselben Mengenverhältnisse (etwa 3 : 1) vor, außerdem nie allein, sondern immer vergesellschaftet mit den gelben Karotinoiden Karotin und Xantophyll. Die Chloroplasten sammeln sich bei schwacher Bestrahlung an den Vorder- und Hinterwänden der Zellen an, bei starker Bestrahlung aber bewegen sie sich nach den Seitenwänden zu (sogen. Phototaxis; siehe Genaueres später!).

4. Bedeutung der Temperatur für die Photosynthese

Wie jede chemische Reaktion so ist auch die Photosynthese von der Temperatur abhängig. Sie ist nur innerhalb eines gewissen Temperaturbereiches (etwa $0^0 - 50^0$ C) möglich. Sie nimmt zunächst mit steigender Temperatur zu und dann mit weiter steigender Temperatur wieder ab. Merke die drei **Kardinalpunkte der Temperatur:**

Temperaturminimum, das ist die tiefste Temperatur, bei der Photosynthese noch möglich ist, also unterhalb derer keine Photosynthese mehr stattfindet (* etwa $0^0 - 5^0$ C).

Temperaturoptimum, das ist die Temperatur, bei der die Photosynthese am stärksten ist, also ihren Höchstbetrag hat (* etwa $20^0 - 30^0$ C).

Temperaturmaximum, das ist die höchste Temperatur, bei der Photosynthese noch möglich ist, also oberhalb derer keine Photosynthese mehr stattfindet (* etwa $45^0 - 50^0$ C).

Die Kardinalpunkte sind bei den verschiedenen Pflanzen verschieden, sie liegen bei tropischen Pflanzen höher, bei Pflanzen kälterer Gegenden tiefer.

Die Bedeutung der Photosynthese

D i e Photosynthese (Assimilation der Kohlensäure) ist die wichtigste chemische Reaktion in der Natur, von der alles Leben auf der Erde abhängt; sie ist der einzige natürliche Vorgang, bei dem organische Stoffe aus rein anorganischen Stoffen in ungeheuren Mengen aufgebaut werden. Insbesondere ist die Photosynthese aus folgenden Gründen wichtig:

1. Die Photosynthese liefert die Stärke. Aus der Stärke werden Eiweiß und Fette hergestellt. Stärke, Eiweiß und Fette dienen den Tieren, so auch den Menschen als Nahrungsstoffe.

2. Bei der Photosynthese entsteht freier Sauerstoff, der von den Tieren eingeatmet und zur Verbrennung der Nahrungsstoffe verbraucht wird.

Bei der Photosynthese wird die von der Sonne kommende Strahlungsenergie in chemische Energie verwandelt und in Form von endothermen organischen Verbindungen (Kohlehydraten, Fetten, Eiweiß) gespeichert. **Die Photosynthese ist die größte Energiespeicherung auf der Erde, von der sämtliche Lebewesen ihre Energie beziehen.** Die gewaltigen Mengen der Kohle- und Ölenergie sind ebenfalls eine durch die Photosynthese entstandene Energiespeicherung.

2. Chemosynthese

Chemosynthese ist die Assimilation der Kohlensäure durch einige autotrophe Bakterien, die die zur Assimilation und zu ihrem Leben erforderliche Energie nicht durch Absorption des Lichtes, sondern durch Oxydation endothermer **anorganischer** Verbindungen gewinnen. Bei der Chemosynthese werden zunächst ebenfalls Kohlehydrate gebildet, aber es wird hierbei kein Sauerstoff frei, sondern im Gegenteil durch die Oxydation Sauerstoff verbraucht. Die durch diese Oxydation gewonnene Energie ist verhältnismäßig gering, daher ist der Umsatz der oxydierten Stoffe bei der Chemosynthese sehr groß.

Die wichtigsten Chemosynthese betreibenden Bakterien sind:

1. **Nitrifizierende Bakterien** (Bodenbakterien):

    a) **Nitritbakterien** (z. B. Nitrosomonas), die Ammoniak zu salpetriger Säure (Nitriten) oxydieren ($^*NH_3 \longrightarrow HNO_2 + $ Kal.). Ammoniak entsteht durch bakterielle Zersetzung von stickstoffhaltigen organischen Verbindungen (Eiweiß, Harnstoff). Nitrite sind Zellgifte und müssen daher entfernt werden.

    b) **Nitratbakterien** (Nitrobacter), die salpetrige Säure (Nitrite) zu Salpetersäure (Nitraten) oxydieren ($HNO_2 \longrightarrow HNO_3 + $ Kal.) Nitritbakterien und Nitratbakterien leben in Symbiose (Vergesellschaftung). Die Nitritbakterien liefern den Nitratbakterien das Nitrit und werden dadurch selbst von dem giftigen Nitrit befreit.

    Die Oxydation des Ammoniaks über Nitrit zu Nitrat heißt **Nitrifikation,** und diese Bakterien heißen deshalb **nitrifizierende Bakterien** (Nitrobakterien, Nitrifikanten).

    Denitrifikation ist die Reduktion der Nitrate durch Bakterien zu elementarem Stickstoff; diese Bakterien heißen **denitrifizierende Bakterien.**

2. **Schwefelbakterien** (* Beggiatoa), die Schwefelwasserstoff oxydieren, wobei Schwefel frei werden kann oder weiter zu Schwefelsäure oxydiert wird.

    * 1. $2 H_2S + O_2 \longrightarrow 2 H_2O + 2 S + $ Kal.

    * 2. $2 S + 3 O_2 + 2 H_2O \longrightarrow 2 H_2SO_4 + $ Kal.

    Beim Freiwerden von Schwefel kann es zur Anhäufung von freiem Schwefel kommen (Entstehung mancher Schwefellager). Der für die Schwefelbakterien notwendige Schwefelwasserstoff entsteht durch bakterielle Eiweißzersetzung.

3. **Knallgasbakterien,** die eine langsame fermentative Oxydation von Wasserstoff zu Wasser ausführen. Der Wasserstoff entsteht durch bakterielle Zersetzung von organischen Stoffen.

    $2 H_2 + O_2 \longrightarrow 2 H_2O + $ Kal.

    Der Name Knallgasbakterien, weil das Gemisch von Wasserstoff und Sauerstoff Knallgas heißt.

4. **Eisenbakterien** (z. B. * Leptothrix), die 2 wertiges Eisen zu 3 wertigem Eisen heraufoxydieren [$FeCO_3 \longrightarrow Fe(OH)_3 + $ Kal]. Manche Eisen-

erze, z. B. das Raseneisenerz, ist durch die Oxydation dieser Bakterien entstanden.

* Außer diesen genannten Bakterien gibt es noch andere Bakterien, die Chemosynthesen ausführen:
   5. **Kohlenoxydbakterien,** die Kohlenmonoxyd zu Kohlendioxyd oxydieren,
   6. **Methanbakterien,** die das bei der Zellulosegärung entstehende Methan oxydieren,
   7. Bakterien, die Mangan(2)verbindungen oxydieren.

Verwendung der Stärke

Die durch die Assimilation der Kohlensäure entstandene Stärke (Traubenzucker) wird von der Pflanze verwendet:
1. zum Aufbau der anderen organischen Verbindungen wie z. B. Zellulose, Fett, Eiweiß u. a. m.
2. Zur Bestreitung des Energiebedarfes, indem die Stärke in Traubenzucker gespalten und dieser dann veratmet, d. h. zu H_2O und CO_2 oxydiert wird.
3. zur Speicherung als Reservestoff.

B. Assimilation der übrigen Stoffe

Die Art und der Ort der Assimilation der übrigen Pflanzenstoffe sind noch so gut wie unbekannt. Nur soviel steht fest, daß zum Aufbau aller anderen Pflanzenstoffe nicht mehr unmittelbar Lichtenergie benötigt wird und daß die übrigen Pflanzenstoffe nicht mehr vollständig aus exothermen anorganischen Stoffen aufgebaut werden, sondern daß zum Aufbau dieser Stoffe ganz oder nur zum Teil der Traubenzucker dient, der durch die Photosynthese entstanden ist. Der Traubenzucker liefert auch die zum Aufbau der anderen Pflanzenstoffe erforderliche Energie, indem ein Teil des Traubenzuckers bis H_2O und CO_2 abgebaut wird und hierdurch Energie frei wird. Die Assimilation dieser Stoffe ist nicht an Chlorophyll oder Licht gebunden, deshalb erfolgt sie auch im Dunkeln und nicht nur in grünen, sondern auch in nichtgrünen Zellen.

Der Aufbau der übrigen Kohlenhydrate (Zellulose, Hemizellulose, Pentosen, Pektine, Lignin u. a.) und der Fette geschieht nur aus Traubenzucker. Zum Aufbau der N-, S-, P-haltigen Verbindungen verwendet die Pflanze außer Traubenzucker auch die durch die Wurzel aufgenommenen N-, S-, P-Verbindungen (siehe Seite 70!). Für die Synthese des Eiweißes wird das aufgenommene Nitrat (-NO_3) erst zur Aminogruppe (-NH_2) reduziert, und wahrscheinlich entstehen daraus zuerst Aminosäuren und dann aus diesen Eiweiß.

Transport der Assimilate

Die durch die Assimilation entstandenen Stoffe, die sogenannten **Assimilate,** so besonders die Kohlehydrate, Fette, Eiweißstoffe, müssen von dem Orte der Entstehung, das sind vor allem die Blätter, nach dem Orte des Bedarfes hintransportiert werden. Die Orte des Bedarfes sind:
1. alle lebenden, aber nichtgrünen Zellen,
2. alle im Wachstum befindlichen Gewebe, so z. B. die Knospen und Wurzelspitzen,
3. alle Reservestoffbehälter (Knollen, Zwiebeln, Samen u. a.).

Der Transport der Assimilate, also der organischen Stoffe, erfolgt in den Siebröhren. Da der Hauptort der Assimilation die grünen Blättern sind, so erfolgt der Transport der Assimilate im allgemeinen von den Blättern nach der Wurzel hin, also von oben nach unten; er kann aber auch in umgekehrter Richtung erfolgen, z. B. aus einer keimenden Zwiebel in die Blätter.

Merke sehr gut:

1. **Leitung des Wassers mit den Nährsalzen (anorganischen Verbindungen):** in den Gefäßen (Tracheen, Tracheiden) von der Wurzel zu den Blättern, also stets von unten nach oben.

2. **Leitung der Assimilate (organischen Verbindungen):** in den Siebröhren von dem Orte der Assimilation nach dem Orte des Bedarfes, also gewöhnlich von oben nach unten, aber auch umgekehrt von unten nach oben.

Die Assimilate können nur in gelöster Form transportiert werden. Deshalb werden die wasserunlöslichen Assimilate, Stärke und Eiweiß, erst durch Fermente bis in lösliche Verbindungen hydrolytisch, d. h. unter Wasseraufnahme, gespalten, so die Stärke in Traubenzucker, das Eiweiß in Aminosäuren, und in dieser Form in den Siebröhren transportiert. An den Bedarfsstellen erfolgt wieder die Synthese zu Stärke und Eiweiß oder der Verbrauch.

Die unmittelbar durch die Photosynthese in den Chloroplasten entstandene Stärke, die **Assimilationsstärke,** ist kleinkörnig und wird bald wieder – gewöhnlich in der Nacht vollständig – zu Traubenzucker durch die Fermente Amylase (Diastase) und Maltase abgebaut und den Orten des Bedarfes zugeleitet. In den Speicherorganen (Knolle, Zwiebel, Samen) wird in den Leukoplasten zwecks Nährstoffspeicherung aus Traubenzucker wieder Stärke aufgebaut und als Reservestärke deponiert. Diese **Reservestärke** ist großkörnig und wird erst später bei der Keimung mobilisiert, d. h. wieder in löslichen Traubenzucker gespalten (vgl. auch Seite 14!). Zuweilen wird der Traubenzucker auf seinem Wege zu den Bedarfsstellen vorübergehend und zwar wiederum in den Leukoplasten zu Stärke, der sogen. **transitorischen Stärke,** auf- und nach nicht langer Zeit wieder abgebaut. Merke die drei in den Pflanzen vorkommenden Stärkearten:

Assimilationsstärke, primäre Stärke, die unmittelbar durch die Photosynthese entstanden ist, in den Chloroplasten, also nur in grünen Pflanzenteilen, kleinkörnig, nur vorübergehend.

Reservestärke, sekundäre Stärke, die erst aus dem durch Abbau der Assimilationsstärke entstandenen Traubenzucker aufgebaut ist, in den Leukoplasten, als Reservestoff abgelagert, großkörnig, von längerer Zeitdauer, hauptsächlich in nichtgrünen Pflanzenteilen, besonders in Speicherorganen.

Transitorische Stärke, sekundäre Stärke wie die Reservestärke, ebenfalls in Leukoplasten, aber nur vorübergehend.

Die primäre Stärke (Assimilationsstärke) entsteht in den Chloroplasten, die sekundäre Stärke (Reservestärke und transitorische Stärke) in den Leukoplasten.

Das Eiweiß ist vor allem der Hauptbestandteil des Plasmas (siehe Seite 11!); in diesem befindet es sich in kolloidaler Lösung. Eiweiß, vom Plasma abgeschieden, wird aber auch von der Pflanze als Reservestoff abgelagert und befindet sich in den Vakuolen (Zellsaft) entweder kolloidal gelöst oder als feste Eiweißkörner, sogenannte Aleuron- oder Proteinkörner (vgl. Seite 14!).

Eine besondere Art von stickstoffhaltigen Assimilaten sind die in manchen Pflanzen vorkommenden Alkaloide: Atropin, Chinin, Digitalin, Kodein, Kokain u. a. m. Diese Alkaloide sind äußerst starke Gifte und sind wahrscheinlich für die Pflanze Schutzstoffe. Für den Menschen aber sind sie, in äußerst kleinen Dosen verabreicht, sehr wirksame Heilmittel.

Fett ist ein lebensnotwendiger Bestandteil des Plasmas (siehe Seite 11!). Fett befindet sich aber auch als Reservestoff im Plasma der Samen von Samenpflanzen entweder kolloidal oder als Öltröpfen oder als weiche Fettmasse, so in besonders großer Menge in Ölsamen (Raps, Flachs, Hanf, Mohn u. a.; siehe Seite 14!).

Heterotrophie

Heterotrophe Lebewesen sind solche, die von organischen Stoffen leben, also von Stoffen, die von anderen Lebewesen erzeugt worden sind; heterotroph sind alle Tiere.

Heterotrophe Pflanzen sind demnach Pflanzen, die ihre organischen Stoffe nicht selbst aus anorganischen Stoffen aufbauen, sondern die organische Substanz von anderen Lebewesen (Pflanzen oder Tieren) übernehmen; die Lebensweise der heterotrophen Lebewesen bezeichnet man als **Heterotrophie** (Gegenteil: **Autotrophie**).

Man unterscheidet folgende Arten von Heterotrophie:

1. **Saprophytismus,** wenn die Pflanze von organischen Stoffen toter Lebewesen (Pflanzen und Tieren) lebt; solche Pflanzen heißen **Saprophyten.**

2. **Parasitismus,** wenn die Pflanze die Nährstoffe lebender Organismen (Pflanze oder Tier) zum Schaden dieser entzieht; solche Pflanzen heißen **Parasiten** oder **Schmarotzerpflanzen.**

3. **Symbiose** (oder Vergesellschaftung), wenn zwei verschiedenartige Lebewesen zu beiderseitigem Nutzen eine Lebensgemeinschaft bilden; solche Lebewesen heißen **Symbionten.**

Der Unterschied zwischen Saprophyten und Parasiten ist manchmal nicht ganz streng. Es gibt nämlich Pflanzen, die gewöhnlich saprophytisch leben, bei gegebener Gelegenheit aber zum Parasitismus übergehen, z. B. die bakteriellen Erreger des Wundstarrkrampfes (Tetanus), des Typhus u. a. Man nennt solche Pflanzen, die gewöhnlich saprophytisch und nur gelegentlich parasitisch leben, **fakultative Parasiten,** während die dauernd parasitisch lebenden Pflanzen **obligate Parasiten** heißen.

Halbheterotrophe Pflanzen sind solche, die nur für manche Nährstoffe heterotroph, sonst aber autotroph sind. **Vollständig heterotrophe Pflanzen,** die also für alle Nährstoffe heterotroph sind, sind stets farblos, also nicht grün. Schließlich gibt es noch Pflanzen, die vollständig autotroph leben können, die aber auch organische Stoffe, und zwar von Tieren, als Nährstoffe aufnehmen können, dies sind die fleischfressenden Pflanzen.

Alle heterotrophen Pflanzen besitzen Fermente (Enzyme), durch die sie die organischen Stoffe (Stärke, Eiweiß, Zellulose u. a.) aufspalten können.

Saprophyten

Saprophytisch sind die allermeisten Bakterien und Pilze, die im Acker- und Waldboden leben und die Fäulnis, Verwesung und Vermoderung der organischen Stoffe (Pflanzen- und Tierleichen) bewirken. Das ungeheure Heer dieser saprophytischen Bakterien ist ein notwendiges und nützliches Glied im Haushalte der Natur, da durch sie die organischen Stoffe wieder zu anorganischen Stoffen, so besonders zu CO_2 und H_2O, abgebaut und dadurch wieder für die autotrophen Pflanzen nutzbar gemacht werden. Es gibt also auch nützliche(!) Bakterien. Von den saprophytischen Bakterien merke besonders:

a) **Bacterium amylobacter** (Buttersäurebakterien) und **Bacterium azotobacter,** die beide im Boden vorkommen und Luftstickstoff assimilieren, also unmittelbar binden können.

b) die bakteriellen Erreger von Thyphus, Cholera, Wundstarrkrampf (Tetanus), Milzbrand, die gewöhnlich saprophytisch im Erdboden leben und nur bei günstiger Gelegenheit zum Parasitismus übergehen und dann die betreffenden Krankheiten erregen.

Saprophytische Pilze sind auch die Schimmelpilze. Eine saprophytische Blütenpflanze ist der Fichtenspargel (chlorophyllfrei, farblos!).

Durch die Tätigkeit der Saprophyten entsteht der **Humus,** das ist die an organischen Zersetzungsprodukten reiche Erde.

Parasiten

Pflanzen können parasitisch sowohl an anderen Pflanzen als auch an Tieren und Menschen leben. Die von Parasiten befallenen Pflanzen oder Tiere heißen **Wirtspflanzen** oder **Wirtstiere,** der Parasit selbst heißt auch S c h m a r o t z e r . Oft liegt eine Anpassung des Parasiten an einen bestimmten Wirt vor. Man unterscheidet noch:

Vollparasit (Holoparasit), wenn sämtliche Nährstoffe dem Wirte entzogen werden, z. B. Kleeseide,

Halbparasit (Hemiparasit), wenn nur einige Nährstoffe dem Wirte entzogen werden, z. B. Mistel.

Parasitische Bakterien sind Krankheitserreger von Tieren und Menschen, z. B. die Erreger von Diphtherie, Tuberkulose, Typhus, Cholera. Wundstarrkrampf (Tetanus), Milzbrand. Der Diphtheriebazillus kann nur parasitisch leben, ist also ein obligater Parasit. Die bakteriellen Erreger von Typhus, Cholera, Wundstarrkrampf, Milzbrand sind fakultative Parasiten und können auch saprophytisch leben.

Parasitische Pilze sind vor allem Erreger von vielen Pflanzenkrankheiten, wie z. B. Mehltau, Brand, Rost, Kartoffelkrebs.

Vollparasitische Blütenpflanzen sind z. B. Kleeseide, Schuppenwurz, Orobanche; sie sind chlorophyllfrei und daher farblos. Eine halbparasitische Blütenpflanze ist die grüne (!) Mistel, die nur Wasser und Nährsalze der Wirtspflanze entzieht, hinsichtlich des Kohlenstoffes aber autotroph ist, sie hat Chlorophyll und führt Photosynthese aus. Die vollparasitischen Blütenpflanzen stehen durch besondere Saugorgane, die Haustorien oder Senker heißen, mit den Leitbündeln (Gefäßen und Siebröhren) der Wirtspflanze in Verbindung und entziehen dieser Wasser und Nährstoffe. Die halbparasitischen Blütenpflanzen wie die Mistel stellen nur eine Verbindung mit den Gefäßen der Wirtspflanze her. Um die Verbindung mit den Gefäßen oder Siebröhren der Wirtspflanzen herzustellen, scheiden die parasitischen Blütenpflanzen Fermente aus, die in der Wirtspflanze die Zellwände und deren Mittellamellen auflösen.

Symbiose

Symbiose ist die Lebensgemeinschaft (Vergesellschaftung) zweier verschiedener Lebewesen, d. h. das Zusammenleben zweier verschiedener Lebewesen (Symbionten) zum Nutzen beider, indem jeder Teil sowohl dem anderen Nutzen gewährt als auch von ihm Nutzen zieht.

Mit der Symbiose ist stets eine starke gegenseitige Anpassung der beiden Symbionten verbunden, so daß die Symbionten einzeln jeder für sich im allgemeinen nicht leben können. Symbiose kann stattfinden zwischen Pflanzen, aber auch zwischen Pflanze und Tier. Merke die wichtigsten Fälle von Symbiose:

1. Symbiose zwischen niederen Pflanzen

a. **Symbiose zwischen Nitritbakterien und Nitratbakterien:** Die Nitritbakterien (Nitrosomonas) liefern den Nitratbakterien (Nitrobakter) das durch Oxydation vom Ammoniak entstandene Nitrit und werden dadurch selbst von dem giftigen Nitrit befreit. Das Nitrit wird dann von den Nitratbakterien zu Nitrat heraufoxydiert, wodurch Energie von den Bakterien gewonnen wird (vgl. Seite 81!).

b. **Flechten,** die eine Symbiose zwischen grünen Algen und Pilzen sind: Die Algen, die Chlorophyll besitzen und Photosynthese ausführen, liefern den Pilzen Kohlehydrate und erhalten von diesen Wasser und Nährsalze.

2. Symbiose zwischen niederen und höheren Pflanzen

a. **Symbiose zwischen den Knöllchenbakterien und Leguminosen:** Die Knöllchenbakterien (Bacterium radicicola), die in den Wurzeln der Leguminosen (Bohne,

Erbse, Linse, Lupine, Luzerne) sitzen und dort Verdickungen (Knöllchen) verursachen, sind befähigt, elementaren Stickstoff aus der Luft zu assimilieren, und geben an die Leguminosen Stickstoffverbindungen ab; sie selbst empfangen von den Leguminosen Kohlehydrate. Die Leguminosen können daher auch in stickstoffarmen Böden gedeihen, und durch ihre Symbiose mit den Knöllchenbakterien erfolgt eine Anreicherung von Stickstoffverbindungen im Boden, was von großer wirtschaftlicher Bedeutung ist und in der Gründüngung ausgenutzt wird (vgl. Seite 64!).

b. **Pilzwurzel, Mykorrhiza** genannt, ist eine Symbiose zwischen Pilzen und höheren Pflanzen, bei der die Pilze an den Wurzeln der höheren Pflanzen sitzen. Die Pilze als Saprophyten können die Humusstoffe, das sind organische Zersetzungsprodukte, aufschließen und liefern der grünen Pflanze vor allem Stickstoff- und Phosphorverbindungen, die Pilze selbst erhalten von der grünen Pflanze Kohlehydrate. Durch diese Symbiose sind die höheren Pflanzen, so besonders die Waldbäume, auch imstande, auf Humusboden zu wachsen, der arm an Mineralstoffen (anorganischen Salzen) ist. Merke:

Ektotrophe Mykorrhiza, wenn die Pilze die Wurzeln von außen umschließen und die fehlenden Wurzelhaare ersetzen; bei fast allen Waldbäumen (Buche, Eiche, Nadelbäume u. a.).

Endotrophe Mykorrhiza, wenn die Pilze in den Wurzelzellen leben; z. B. bei den Orchideen.

Die äußerst winzigen Samen der Orchideen besitzen kein Nährgewebe und können nur keimen, wenn sie von Pilzen infiziert sind. Die Pilze liefern nämlich dem Keimling die für die Keimung notwendigen Nährstoffe und Vitamine.

3. Symbiose zwischen Pflanzen und Tieren

a. **Symbiose zwischen dem Süßwasserpolyp Hydra und den in seinen Zellen lebenden grünen Algen:** die grüne Alge durch ihre Photosynthese verbraucht CO_2 und liefert O_2, die Hydra durch ihre Atmung verbraucht O_2 und liefert CO_2 (Atmungssymbiose).

b. **Symbiose zwischen vielen Blütenpflanzen (Blumen) und Insekten:** Die Blütenpflanze liefert den Insekten Nahrung (Nektar), und die Insekten bewirken die Befruchtung der Pflanze (siehe Seite 56!).

Diese Blütenpflanzen sind allerdings hinsichtlich der Ernährung völlig autotroph.

c. **Symbiose zwischen Bakterien und Pflanzenfressern:** Alle höheren Pflanzenfresser wie z. B. Pferd, Rind, Schaf, Ziege u. a. können die Zellulose der Pflanze unmittelbar nicht aufspalten, sie besitzen aber in ihrem Magen-Darmkanal eine ungeheure Menge von Bakterien (Darmflora); diese können die Zellulose aufspalten und liefern dem Tiere die resorbierbaren Spaltprodukte. Die Bakterien selbst haben den Vorteil einer günstigen Lebensbedingung.

Auch die Darmflora des Menschen ist wahrscheinlich eine Symbiose mit dem Menschen, indem z. B. das Bacterium coli das Vitamin K bildet oder durch Erzeugung von Milchsäure das Wachstum der Fäulnisbakterien hindert.

* d. **Symbiose zwischen Bakterien und manchen Insekten,** so besonders blutsaugenden Insekten wie Bettwanze, Kopflaus u. a. m. Die Bakterien finden beim Insekt günstige Lebensverhältnisse und liefern dem Insekt lebensnotwendige Stoffe (Vitamine).

Eine **künstliche Symbiose** zwischen zwei höheren Pflanzen wird beim Veredeln (Pfropfen) herbeigeführt, bei dem auf einen unedlen Stamm ein edles Reis aufgesetzt wird und die Gewebe beider Pflanzen zur Verwachsung gebracht werden. Der Stamm liefert dem Reis Wasser und Nährsalze, das Reis liefert dem Stamm die Assimilate.

Fleischfressende Pflanzen

Die von Insekten lebenden, also fleischfressenden Pflanzen, **Insektivoren** oder **Karnivoren** genannt, sind grüne, also chlorophyllhaltige Pflanzen, die Insekten verdauen können. Es sind an sich autotrophe, zur Photosynthese befähigte Pflanzen, die aber auf einem stickstoffarmen Boden (Moor, Sumpf) wachsen und ihren Stickstoffbedarf zusätzlich durch Insektenfang decken. Die fleischfressenden Pflanzen sind alle mit Vorrichtungen zum Insektenfang versehen und scheiden aus Drüsen Sekrete aus, die Eiweiß spaltende Enzyme (Proteasen) enthalten. Die wichtigsten fleischfressenden Pflanzen sind:

der heimische S o n n e n t a u : Blätter mit Tentakeln zum Insektenfang,

die malaiische N e p e n t h e s : Kannenblätter zum Insektenfang,

die amerikanische V e n u s f l i e g e n f a l l e : Fangklappenblätter.

(Siehe Ausführliches Seite 44!).

* In Deutschland heimische fleischfressende Pflanzen sind noch auf feuchten Wiesen das **Fettkraut** (Pinguicula) mit klebrigen, einrollbaren Blättern und submers (untergetaucht) im Wasser der **Wasserschlauch** (Utricularia) mit Fangkapseln für kleine Wassertierchen.

Keine heterotrophen Pflanzen, also auch keine Schmarotzerpflanzen, sind die Epiphyten; das sind Pflanzen, die zwar auf anderen Pflanzen, meist Bäumen, wachsen, sich aber völlig selbständig ernähren, also vollständig autotroph sind (vgl. Seite 7!).

14. Kapitel

Dissimilation oder Atmung

Dissimilation oder **Atmung** ist die langsame, gesteuerte Energiefreimachung aus endothermen organischen Verbindungen durch lebende Organismen zur Bestreitung ihres Energiebedarfes.

Die Atmung (Dissimilation) besteht in dem Abbau von endothermen Stoffen zu energieärmeren Verbindungen, wodurch Energie (chemische) frei wird. Die Atmung (Dissimilation) ist also der entgegengesetzte Vorgang der Assimilation (Seite 75). Die bei der Atmung frei gewordene Energie wird von dem lebenden Organismus – Pflanze oder Tier – teils zur Bestreitung des Energiebedarfes für seinen Betriebs- und Baustoffwechsel verwendet, teils in Wärme verwandelt.

Die Atmung (Dissimulation) bei den Pflanzen kann mit oder ohne Sauerstoff erfolgen. Man unterscheidet demnach:

1. **Aerobe oder oxydative Atmung,** auch kurz Atmung genannt, das ist der oxydative Abbau der organischen Verbindungen, also unter Aufnahme von Sauerstoff, wobei die organischen Stoffe vollständig zu CO_2 und H_2O abgebaut werden, und zwar:

   a. **Veratmung von Kohlehydraten** (Stärke, Traubenzucker), seltener von **Fetten** – die n o r m a l e Atmung,

   b. **Veratmung von Eiweiß** – die a u ß e r g e w ö h n l i c h e Atmung, nur im Hungerzustande bei Mangel an Kohlehydraten, Fetten.

2. **Anaerobe Atmung oder Gärung,** auch **intramolekulare Atmung** genannt, das ist der nichtoxydative Abbau von organischen Verbindungen, d. h. der Abbau von organischen Verbindungen ohne Sauerstoffaufnahme.

A l l e g r ü n e n P f l a n z e n , b e s o n d e r s a l l e h ö h e r e n P f l a n z e n , a t m e n u n t e r S a u e r s t o f f a u f n a h m e . Die niederen, farblosen Pflanzen (Bakterien, Pilze) atmen teils mit Sauerstoff, teils ohne Sauerstoff. Organismen, die nur mit Sauerstoff atmen, also ohne Sauerstoff nicht leben können, heißen **Aerobionten**[1] (oder O x y b i o n t e n), Organismen, die ohne Sauerstoff atmen und leben können, **Anaerobionten**[1] (oder A n o x y -

---

1) Früher sagte man Aerobier und Anaerobier.

bionten). **Obligat anaerob** heißen solche Organismen, die nur ohne Sauerstoff leben können, für die also freier Sauerstoff sogar giftig wirkt, z. B. die Darmbakterien oder die Krankheit erregenden Bakterien. **Fakultativ anaerob** heißen solche Organismen, die ohne Sauerstoff, aber auch mit Sauerstoff leben können, z. B. die Hefepilze.

Die **Dissimilation** (Atmung, Gärung) ist ein langsam verlaufender Abbau von organischen Stoffen, der durch spezifische Fermente (Biokatalysatoren) bewirkt und gesteuert wird. Der Abbau erfolgt stufenweise, für jede Stufe existiert ein besonderes Ferment.

Die an der Dissimilation (Atmung, Gärung) beteiligten Fermente sind: Hydrolasen, Desmolasen, Oxydasen, Katalase (siehe Genaueres später!).

An der Atmung ist auch die Phosphorsäure wesentlich beteiligt, indem die Zwischenprodukte zuerst mit der Phosphorsäure verestert werden (sogen. Phosphorylierung). Diese Phosphorsäureester werden sodann durch Fermente (Phosphatasen) wieder gespalten (wichtige Bedeutung des Phosphors für die Pflanze: vgl. Seite 64!).

Unterschied zwischen Atmung und Verbrennung

Bei der Atmung werden wie bei der Verbrennung organische Verbindungen zu CO_2 und H_2O abgebaut. Während aber die Verbrennung bei hoher Temperatur und sehr schnell verläuft, geht die Atmung bei niederer Temperatur und langsam, stufenweise, durch Fermente gesteuert vor sich. Bei der Verbrennung verwandelt sich die ganze frei gewordene chemische Energie in Wärme. Bei der Atmung verwandelt sich nur ein Teil der chemischen Energie in Wärme, der andere Teil wird von der Pflanze − ebenso auch vom Tier − zur Bestreitung des Energiebedarfes verwendet.

Die aerobe Atmung

Die **aerobe Atmung**, oder auch kurz nur Atmung genannt, ist der vollständige oxydative Abbau von organischen Verbindungen, hauptsächlich von Kohlehydraten (Stärke, Traubenzucker) durch die Pflanze bis zu CO_2 und H_2O. Die Atmung ist ein exothermer Vorgang, bei dem also Energie frei wird, und zwar bei 1 Mol Traubenzucker (180 Gramm) 675 große Kalorien (Kal). Merke:

Die Bruttogleichung der Veratmung des Traubenzuckers ($C_6H_{12}O_6$)

$$C_6H_{12}O_6 \ + \ 6\,O_2 \longrightarrow 6\,CO_2 \ + \ 6\,H_2O \ + \ 675\,Kal$$

1 Mol   6 Molvolumen   6 Molvolumen   6 Mol

Die Veratmung des Traubenzuckers ($C_6H_{12}O_6$) ist − in der Bruttogleichung gesehen − der umgekehrte Vorgang der Photosynthese (S. 76); sie unterscheidet sich aber von der Photosynthese, daß sie nicht in den Chloroplasten, sondern in den Mitochondrien (S. 13) stattfindet und daß andere Fermente daran beteiligt sind.

Das Wesentliche der aeroben oder oxydativen Atmung, d. h. des oxydativen Abbaues des Traubenzuckers zu CO_2 und H_2O, besteht darin, daß zunächst der Traubenzucker, nachdem er phosphoryliert (mit Phosphorsäure verestert) und dann in Glycerinaldehyd ($C_3H_6O_3$) gespalten ist, unter Einwirkung von Fermenten und unter Wasseraufnahme, aber ohne Mitwirkung des Luftsauerstoffes (O_2) decarboxyliert (Abspaltung von CO_2) und dehydriert (Abspaltung von H-Atomen) wird (anoxydativer Teil der Atmung). Der reaktionsfähige Wasserstoff wird dann durch eine Reihe von Redoxfermenten (gelbes Atmungsferment, Cytochrome u. a.) an den molekularen Luftsauerstoff (O_2) abgegeben, wodurch Wasser entsteht (oxydativer Teil der Atmung). Der molekulare Luftsauerstoff ist also nur der Akzeptor für den durch die Dehydrierung frei gewordenen Wasserstoff. Der Sauerstoff des entstandenen CO_2 entstammt also nicht dem Luftsauerstoff, sondern dem Traubenzucker und den aufgenommenen Wassermolekülen; Beweis wiederum durch radioaktive künstliche

Sauerstoffisotope: Läßt man eine Pflanze in radioaktivem Sauerstoff atmen, so entsteht niemals radioaktives CO_2.

* Genauer Verlauf der Veratmung des Traubenzuckers

I) 1. Traubenzucker (phosphoryliert und umgewandelt) $\longrightarrow$ Fruktosediphosphat
    2. Fruktosediphosphat (gespalten und umgewandelt) $\longrightarrow$ 2 Glycerinaldehydphosphat
    3. Glycerinaldehydphosphat (dehydriert) $\longrightarrow$ Phosphoglycerinsäure
    4. Phosphoglycerinsäure ($-H_2O$ und dephosphoryliert) $\longrightarrow$ Brenztraubensäure (CH_3-CO-COOH)

II) 1. Brenztraubensäure + Coenzym A $-CO_2$ $\longrightarrow$ aktivierte Essigsäure
    2. aktiv. Essigsäure + Oxalessigsäure $\longrightarrow$ Citronensäure + Coenzym A
    3. Citronensäure (decarboxyliert und dehydriert) $\longrightarrow$ Oxalessigsäure

Der erste Teil (I), dessen Endprodukt die Brenztraubensäure ist, heißt Glykolyse, der zweite Teil (II), bei dem die Brenztraubensäure decarboxyliert und dehydriert wird, heißt der Citronensäurezyklus.

Bei der Veratmung des Traubenzuckers werden 6 Volumen Sauerstoff verbraucht und 6 Volumen Kohlendioxyd entstehen, so daß sich das Gasvolumen bei der Veratmung von Kohlehydraten nicht ändert. Die bei der Atmung frei gewordene Energie wird außer in Wärme von der Pflanze in folgende Energien verwandelt:

     mechanische Energie (Wachstum, Bewegungen),
     chemische Energie anderer Stoffe (Fette, Eiweiß u. a.),
     osmotische Energie (Konzentrationsunterschiede),
     * Lichtenergie bei Leuchtbakterien.

Es atmen alle lebenden Zellen, sowohl die grünen als auch die nichtgrünen Zellen, und zwar bei Tag als auch bei Nacht. Am stärksten atmen die Zellen der wachsenden Gewebe (Knospen, Wurzelspitzen, Streckungszone, keimende Samen u. a.). Grüne Zellen zeigen also sowohl Atmung als auch Photosynthese; bei Tage überwiegt die Photosynthese (etwa um das 30-fache), bei Nacht findet nur Atmung statt. Deshalb kann bei grünen Pflanzen die Atmung nur im Dunkeln nachgewiesen werden, wenn keine Photosynthese stattfindet. Da bei der Veratmung von 1 Mol Traubenzucker 6 Mol O_2 ($= 192$ g) aufgenommen und 6 Mol CO_2 ($= 264$ g) abgegeben werden, so tritt, wenn nur Atmung und keine Photosynthese stattfindet, also z. B. bei Atmung von grünen Pflanzen im Dunkeln, ein Gewichtsverlust der Pflanze ein.

Nachweis der aeroben Atmung bei Pflanzen

1. durch das bei der Atmung entstandene CO_2:

     a. mit einem glimmenden Holzspan, der in CO_2 erlischt: Versuch mit grünen Pflanzen in einem verdunkelten (!) Glasgefäß.

     b. mit Baryt- oder Kalkwasser, das durch CO_2 infolge Bildung von unlöslichem Karbonat getrübt wird. Versuch: Luft wird erst durch Kalilauge von CO_2 befreit (infolge Bildung von Kaliumkarbonat) und dann die CO_2-freie Luft durch ein Gefäß, das keimende Erbsen enthält, hindurch in ein Gefäß mit Baryt- oder Kalkwasser geleitet; dieses trübt sich durch das in den keimenden Erbsen infolge Atmung entstandene CO_2.

     c. durch Absorption durch Kalilauge (KOH) in einem abgeschlossenen Gefäß. Versuch: Keimende Erbsen oder verdunkelte (!) grüne Blätter befinden sich in einem luftdicht abgeschlossenen Gefäß, das zugleich eine Schale mit Kalilauge enthält und mit einem Quecksilbermanometer verbunden ist. Das durch die Atmung entstandene CO_2 wird von der Kalilauge infolge Bildung von Kaliumkarbonat absorbiert. Infolgedessen tritt in dem Gefäß ein Unterdruck ein, der von dem Manometer angezeigt wird.

2. durch Gewichtsabnahme von atmenden Pflanzen: Versuch mit keimendem Samen, der vorher und nachher gewogen wird, es zeigt sich eine durch die Atmung bewirkte Gewichtsabnahme.

Bei der Atmung wird auch Wärme frei; Beweis durch Vorlesungsversuch mit keimendem Samen (z. B. Erbsen) im Dewargefäß (Temperaturerhöhung bis etwa 40°C).

Niedere heterotrophe Pflanzen wie Bakterien, Pilze haben eine bedeutend höhere Atmungsintensität als höhere Pflanzen und können eine beachtliche Temperaturerhöhung bewirken; hierauf beruht die Selbstentzündung von Heu, Mist, feuchtem Tabak durch den Bacillus calfactor.

Bei manchen Pflanzen erfolgt auch zum Teil eine unvollständige Veratmung der Kohlehydrate, indem der Traubenzucker nur bis zur Oxalsäure (HOOC–COOH) abgebaut wird. Die entstandene Oxalsäure, die ein Zellgift ist, wird dann als unlösliches Kalziumoxalat (Kristalldrüsen, Raphidenbündel; vgl. Seite 15!) ausgeschieden, was also eine Entgiftungsreaktion der Pflanze ist. Bei dieser unvollständigen Veratmung der Kohlehydrate entsteht daher im Vergleich zu der aufgenommenen Sauerstoffmenge weniger CO_2.

Auch Fette werden von der Pflanze – jedoch viel seltener – zu CO_2 und H_2O veratmet. Sehr selten wird von der Pflanze Eiweiß veratmet, und zwar nur im Hungerzustande, wenn der Pflanze nicht genügend Kohlehydrate zur Verfügung stehen. Das Eiweiß wird, wenn es veratmet wird, zu CO_2, H_2O und NH_3 abgebaut. Das NH_3 wird aber von der Pflanze nicht ausgeschieden, sondern da es ein Zellgift ist, in irgendeiner Form, z. B. als Ammoniumsalz, Säureamid, Aminosäure, Harnstoff, gebunden und für eine neue Eiweißsynthese gespeichert. Die Pflanze scheidet also keinen Stickstoff als Stoffwechselprodukt aus und unterscheidet sich dadurch wesentlich von dem Tiere, das dauernd Stickstoff (Harnstoff, Harnsäure u. a.) ausscheidet. Da Fette und Eiweiß sauerstoffärmer als die Kohlehydrate sind, verbrauchen sie bei vollständiger Veratmung zu CO_2 und H_2O mehr Sauerstoff als die Kohlehydrate.

Anaerobe (intramolekulare) Atmung oder Gärung

Gärung, auch **intramolekulare** oder **anaerobe Atmung** genannt, ist der nichtoxydative (anoxydative) Abbau von organischen Verbindungen, d. h. der Abbau von organischen Verbindungen durch lebende Organismen ohne Sauerstoffaufnahme, wobei ebenfalls, wenn auch weniger als bei der aeroben Atmung, Energie frei wird.

Gärung wird deshalb auch i n t r a m o l e k u l a r e A t m u n g genannt, weil bei der Aufspaltung des Traubenzuckermoleküles innerhalb des Traubenzuckermoleküles eine Umlagerung der Sauerstoffatome erfolgt (sogen. Disproportionierung oder Dismutation), d. h. der eine Teil wird oxydiert von dem anderen Teil, der selbst reduziert wird. Bei der intramolekularen Atmung oder Gärung entstehen daher eine endotherme Verbindung und eine exotherme Verbindung und gleichzeitig wird noch Energie frei, die von der Pflanze für ihren Energiebedarf benutzt wird.

* Die primären Reaktionen bei der anaeroben (intramolekularen) Atmung oder Gärung sind dieselben wie bei der aeroben Atmung (vgl. S. 89!). Der Traubenzucker wird zuerst phosphoryliert und in 2 Moleküle Phosphoglycerinaldehyd gespalten. Der Phosphoglycerinaldehyd wird dehydriert zu Phosphoglycerinsäure und diese umgewandelt, bis wiederum als Endprodukt die Brenztraubensäure entsteht. Die Brenztraubensäure wird aber nun nicht wie bei der aeroben Atmung decarboxyliert und als aktive Essigsäure in den Zitronensäurezyklus gesteckt, sondern erfährt nur noch Reduktionen oder Decarboxylierungen zu dem jeweiligen Gärungsprodukt.

Bei der intramolekularen Atmung wird ebenfalls Energie (chemische) frei und diese wird wiederum von der Pflanze hauptsächlich zur Bestreitung ihres Energiebedarfes benutzt. Da aber bei der intramolekularen Gärung nicht das ganze Molekül oxydiert und zu exothermen Verbindungen abgebaut wird, so wird bei der intramolekularen Atmung weniger Energie frei als bei der aeroben Atmung und die Menge der umgesetzten Stoffe ist infolgedessen bedeutend größer.

Die Gärungen werden gewöhnlich nach den bei der Gärung entstandenen Stoffen (Gärungsprodukten) benannt. Merke gut die wichtigsten Gärungen:

1. Alkoholische Gärung,
2. Milchsäuregärung,
3. Buttersäuregärung,

4. Zellulosegärung,
5. Essigsäuregärung (eigentlich keine Gärung!).

1. Alkoholische Gärung

Die alkoholische Gärung ist die Spaltung des Traubenzuckers (Glukose: $C_6H_{12}O_6$) durch die Hefepilze (Ferment: Zymase) in Äthylalkohol (C_2H_5-OH) und Kohlendioxyd (CO_2) nach der Bruttogleichung:

$$C_6H_{12}O_6 \xrightarrow{\text{Zymase}} 2\,C_2H_5\text{-OH} + 2\,CO_2 + 24\,\text{Kal}$$

Traubenzucker	Äthylalkohol	Kohlendioxyd
endotherm	endotherm	exotherm
1 Mol	2 Mol	2 Mol

* Bei der alkoholischen Gärung wird der Traubenzucker erst phosphoryliert, dann gespalten und in die Brenztraubensäure umgewandelt. Die Brenztraubensäure wird zu Acetaldehyd decarboxyliert (Abspaltung von CO_2; Ferment: Carboxylase) und dann der Acetaldehyd zu Äthylalkohol reduziert. Bei der alkoholischen Gärung findet ebenfalls eine Disproportionierung, d. h. eine Verschiebung der H- und O-Atome und der Energie statt (siehe die Bruttogleichung!). Die Zymase der Hefe ist ein Fermentgemisch, das verschiedene Fermente, nämlich: Dehydrase, Phosphatase. Carboxylase, aber nicht Oxydase und Katalase enthält.

Der Traubenzucker kommt in süßen Früchten (Weintrauben, Beeren, Äpfeln u. a.) vor. Auf der alkoholischen Gärung beruht die Weinbereitung aus süßen Früchten, besonders aus Weintrauben. Die Hefepilze (Saccharomyces-Arten) befinden sich in der Luft und an den Schalen der Früchte.

Bei der Bierbereitung und der Spiritusbrennerei wird zunächst Stärke (Gerste, Mais, Kartoffeln) durch Fermente (Diastase, Maltase) bis zu Traubenzucker aufgespalten und dieser dann durch Hefepilze zu Äthylalkohol vergoren.

Bei der alkoholischen Gärung entsteht außer Äthylalkohol CO_2, das mit Baryt- oder Kalkwasser nachgewiesen werden kann (vgl. Seite 89!). Die Hefepilze können mit und ohne Sauerstoff leben, sind also fakultative Anaerobier. Sauerstoff benötigen die Pilze besonders zur Vermehrung und zum Wachstum.

2. Milchsäuregärung

Die **Milchsäuregärung** ist der Abbau des Traubenzuckers ($C_6H_{12}O_6$) durch die Milchsäurebakterien zu zwei Molekülen Milchsäure (CH_3-CHOH-COOH):

$$C_6H_{12}O_6 \xrightarrow{\text{Milchsäurebakterien}} 2\,CH_3\text{-CHOH-COOH} + \text{Energie}$$

Traubenzucker	Milchsäure
energiereicher	energieärmer

Bei der Milchsäuregärung entsteht kein CO_2 (keine Gasentwicklung) und es kommt also auch keine Carboxylase vor.

Auf der Milchsäuregärung beruhen:

1. Das Sauerwerden der Milch: Der in der Milch enthaltene Milchzucker wird zuerst in Traubenzucker gespalten und dieser dann zu Milchsäure vergoren.

2. Die Bereitung von Sauerkraut, sauren Gurken, Sauerfutter.

Auch bei der Muskelarbeit entsteht Milchsäure (Fleischmilchsäure) aus Traubenzucker.

Die Milchsäure hat ein asymmetrisches C-Atom und ist daher optisch aktiv, d. h. sie dreht die Schwingungsebene des linear polarisierten Lichtes. Die Gärungsmilchsäure ist racemisch, die Fleischmilchsäure ist rechtsdrehend.

Die Milchsäure tötet Mikroorganismen. Auf dieser Keimtötung beruht die konservierende Wirkung der Milchsäure bei Sauerkraut, sauren Gurken, Sauerfutter.

3. Buttersäuregärung

Bei der Buttersäuregärung werden Kohlenhydrate durch Bakterien zersetzt, wobei als Zersetzungsprodukte stets Buttersäure (CH_3-CH_2-CH_2-COOH) und CO_2 entstehen (also

Carboxylase vorhanden!). Außerdem entstehen auch oft Wasserstoff oder Methan (CH_4). Der entstandene Wasserstoff wird von anderen Bakterien zu Wasser oxydiert (siehe Knallgasbakterien Seite 81!) oder dient zur Bindung von elementarem Stickstoff (z. B. beim Bakterium amylobacter). Es gibt verschiedene Arten von Buttersäurebakterien.

4. Zellulosegärung

Bei der Zellulosegärung wird die Zellulose zunächst von den Zellulosebakterien durch das Ferment Zellulase bis zu den einfachen Zuckern aufgespalten und diese dann vergoren, wobei als wichtigstes Zersetzungsprodukt CO_2 entsteht.

Zellulosegärung und Buttersäuregärung sind miteinander verwandt und spielen eine große Rolle bei der Zelluloseverdauung der Pflanzenfresser durch die Darmflora (Seite 86) und bei der Verrottung des Laubes. Die Zellulosegärung ist einer der wichtigsten Vorgänge in der Natur, weil durch sie die Zellulose wieder bis CO_2 und H_2O abgebaut wird und diese den Pflanzen als Nahrungsstoffe zugeführt werden.

5. Essigsäuregärung

Die Essigsäuregärung ist die Oxydation des Äthylalkoholes (C_2H_5-OH) durch die Essigbakterien zu Essigsäure (CH_3-COOH).

$$CH_3\text{-}CH_2\text{-}OH \xrightarrow[\text{+ Sauerstoff}]{\text{Essigbakterien}} CH_3\text{-}COOH + H_2O + \text{Energie}$$

Äthylalkohol — energiereicher ; Essigsäure — energieärmer

Die Essigsäuregärung ist also gar keine Gärung im eigentlichen Sinne (Seite 90), sondern eine Oxydation.

Auf der Essigsäuregärung beruhen das Sauerwerden von Wein und Bier beim längeren Stehen an der Luft und die Bereitung von Essig aus Wein.

* Es gibt verschiedene Essigbakterien; die wichtigsten sind: Bacterium aceti, Bacterium Pasteurianum und Bacterium orleanse.

Intramolekulare Atmung bei höheren Pflanzen

Auch höhere Pflanzen können bei vollständigem Ausschluß von Sauerstoff noch eine begrenzte Zeit weiterleben, indem sie intramolekular atmen, d. h. Kohlehydrate ohne Sauerstoffaufnahme abbauen.

Beweis durch folgenden Versuch: Werden keimende Erbsen in das Torricellische Vakuum, das ist der luftleere Raum des Quecksilberbarometers, gebracht, so fällt allmählich die Quecksilbersäule, weil von den keimenden Erbsen ein Gas ausgeschieden wird. Dieses Gas ist, wie mit Barytwasser oder Kalilauge nachgewiesen werden kann, CO_2, das durch Atmung der keimenden Erbsen entstanden ist.

Bei der intramolekularen Atmung der höheren Pflanzen entsteht außer CO_2 auch Äthylalkohol, die Kohlehydrate werden also zu Äthylalkohol und CO_2 abgebaut. Die intramolekulare Atmung der höheren Pflanzen bei Ausschluß von Sauerstoff ist also übereinstimmend mit der alkoholischen Gärung (Seite 91), woraus geschlossen werden kann, daß die normale aerobe Atmung der höheren Pflanzen ähnlich wie die alkoholische Gärung verläuft.

Respiratorischer Quotient

Respiratorischer Quotient (R.Q.) oder Atmungsquotient ist bei einer Atmung das Volumenverhältnis vom ausgeschiedenen CO_2 zum aufgenommenen Sauerstoffe (O_2); also:

$$\text{Respiratorischer Quotient} = \frac{CO_2\text{-Volumen}}{O_2\text{-Volumen}}$$

Da bei der aeroben Veratmung des Traubenzuckers (Seite 88) 6 Molvolumen CO_2 entstehen und 6 Molvolumen O_2 verbraucht werden, so ist der respiratorische Quotient bei der aeroben Veratmung von Kohlehydraten gleich 1.

* Der respiratorische Quotient bei der aeroben Veratmung von sauerstoffärmeren Verbindungen (Fette, Eiweiß), wo mehr Sauerstoff aufgenommen werden muß, ist kleiner als 1, bei der Veratmung von sauerstoffreicheren Verbindungen (z. B. von Oxalsäure: $C_2H_2O_4$), wo weniger Sauerstoff aufgenommen wird, größer als 1. Bei der anaeroben (intramolekularen) Atmung, bei der überhaupt kein Sauerstoff aufgenommen wird, ist der respiratorische Quotient unendlich. Man kann daher aus dem respiratorischen Quotienten einen Schluß auf den veratmeten Stoff und auf die Art der Atmung ziehen.

15. Kapitel

Die wichtigsten Kreisläufe in der Natur

Von den grünen Pflanzen werden anorganische Stoffe aufgenommen und daraus organische Stoffe aufgebaut. Diese organischen Stoffe werden dann wieder zu anorganischen Stoffen abgebaut. Es findet also dauernd eine Umwandlung von anorganischen und organischen Stoffen oder, wie man sagt, ein Kreislauf der Stoffe in der Natur statt. Merke die wichtigsten Kreisläufe in der Natur:

1 Kreislauf des Kohlenstoffes

Der Kohlenstoff ist als Kohlendioxyd (CO_2) in der Luft enthalten (etwa 0,03 Prozent). Von den grünen Pflanzen wird CO_2 aus der Luft aufgenommen und daraus durch die Photosynthese (Seite 75) die Kohlehydrate und aus den Kohlehydraten in weiteren Synthesen die anderen organischen Pflanzenstoffe, so besonders Fette und Eiweißstoffe, hergestellt. Diese organischen Stoffe werden aber wieder zu CO_2 abgebaut, und zwar durch Veratmung von Tieren und Pflanzen, durch bakterielle Zersetzung (Gärungsvorgänge, Fäulnis, Verwesung – weitaus der größte und wichtigste Abbau) und durch Verbrennung von Holz, Kohle und anderen organischen Verbindungen.

2. Kreislauf des Stickstoffes

Der Stickstoff wird von den Pflanzen durch die Wurzeln aus dem Boden als Nitrat, weit weniger als Ammoniumsalz aufgenommen. Die Pflanze baut daraus und aus den durch die Photosynthese entstandenen Kohlehydraten die organischen Stickstoffverbindungen, insbesondere das Eiweiß, auf. Das Eiweiß der Pflanzen dient den Tieren als Nahrungsstoff. Das Tier verwendet das aufgenommene Pflanzeneiweiß teils zur Synthese seines arteigenen Eiweißes, teils baut es ab und scheidet den Stickstoff in Form von organischen Stickstoffverbindungen, besonders als Harnstoff, Harnsäure, aus. Sowohl diese ausgeschiedenen organischen Stickstoffverbindungen als auch das ganze Eiweiß der toten Pflanzen und Tiere werden durch Bakterien zersetzt, und der Stickstoff wird hierbei stets als Ammoniak (NH_3) frei, so daß also der gesamte von der Pflanze aufgenommene und in Eiweiß umgesetzte Stickstoff schließlich in Ammoniak verwandelt wird. Das entstandene Ammoniak wird nur zu einem sehr geringen Teil von der Pflanze als Ammoniumsalz aufgenommen. Der weitaus größte Teil des Ammoniaks wird im Erdboden durch die nitrifizierenden Bakterien (Nitrit- und Nitratbakterien; siehe Seite 81!) in Nitrat verwandelt und dieses von den Pflanzen wieder aufgenommen. In diesem Kreislauf bleibt der Stickstoff immer in gebundener Form und kann in dieser Form von den Pflanzen oder Tieren verwertet werden. Es gibt nun Bakterien, nämlich die denitrifizierenden Bakterien (Seite 81), die Nitrate zu elementarem Stickstoff (N_2) reduzieren, wobei sie den dadurch frei gewordenen Sauerstoff zur Oxydation von organischen Stoffen benutzen und daraus die erforderliche Lebensenergie gewinnen. Durch die Tätigkeit dieser Bakterien (sogen. Denitrifikation) wird ein Teil des gebundenen Stickstoffes in elementaren Stickstoff verwandelt, der von der Mehrheit der

Pflanzen nicht verwertet werden kann, also für die Pflanzenwelt verloren geht. Dieser Verlust an gebundenem Stickstoff durch die denitrifizierenden Bakterien wird aber durch folgende Vorgänge wieder ausgeglichen: Es gibt Bakterien, die unmittelbar elementaren Stickstoff (N_2) aus der Luft aufnehmen und in gebundenen Stickstoff überführen können, nämlich die im Boden frei vorkommenden Bakterien: Bacterium amylobacter und Bacterium azotobacter (Seite 84) und die in den Wurzeln der Leguminosen in Symbiose lebenden Knöllchenbakterien (Bacterium radicicola: Seite 85). Außerdem wird elementarer Stickstoff – aber in einer geringeren Menge – durch elektrische Entladungen (Gewitter) in der Luft in Stickoxyde verwandelt. Diese Stickoxyde werden mit dem Regen niedergeschlagen, in der Erde in Nitrat verwandelt und dann die Nitrate wieder von den Pflanzen aufgenommen. Siehe das Schema des Stickstoffkreislaufes, Figur 53!

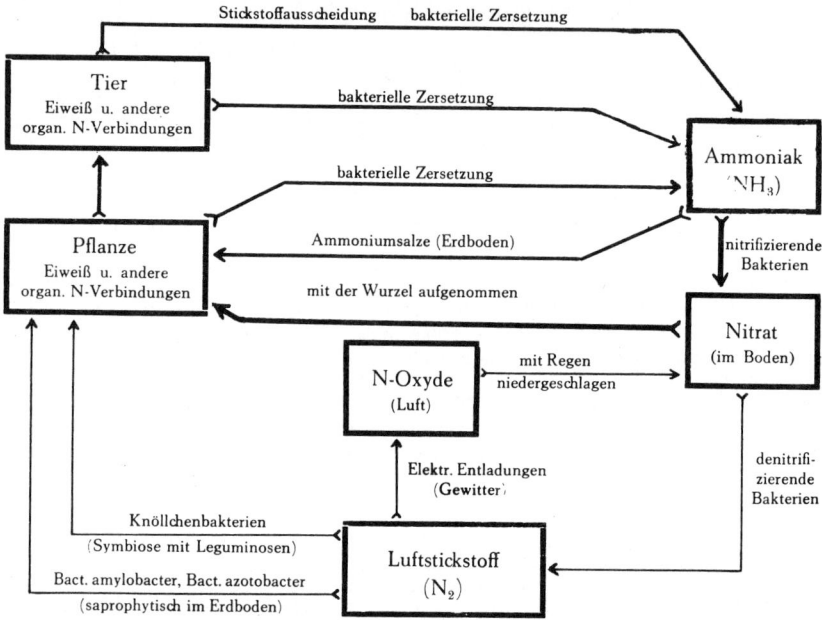

Fig. 53. Schema des Stickstoffkreislaufes

Die Pflanze scheidet in ihrem Stoffwechsel im Gegensatz zum Tier keinen Stickstoff aus, selbst wenn sie, was nur ausnahmsweise im Hungerzustande vorkommt, Eiweiß veratmet (vgl. Seite 90!). Eine Ausnahme machen allerdings die denitrifizierenden Bakterien, die Nitrate zu elementarem Stickstoff reduzieren und diesen dann ausscheiden. Die Pflanze erleidet aber einen Stickstoffverlust: 1. durch Abgabe von Keimen, so besonders von Samen und Früchten, 2. durch Abwurf von Blättern.

16. Kapitel

Physiologie des Wachstums

Wiederhole Kapitel 8, Seite 44!

Das Wachstum der Pflanze beruht auf einer Teilung (Vermehrung) und Wachstum der Zellen.

Das Wachstum der Zellen erfolgt in Phasen:

1. Embryonales Wachstum, das besteht aus:
   a. Teilungswachstum (Zellteilung; siehe Seite 15!),
   b. Plasma- und Zellwachstum (Vermehrung der Plasma- und Kernsubstanz),
2. Streckungswachstum, bewirkt durch die Aufnahme von Wasser,
3. Differenzierungswachstum.   (Siehe Genaueres Seite 45!).

Die Größe und Schnelligkeit des Wachstums einer Pflanze wird mit dem sogenannten Auxanometer bestimmt; das ist im einfachsten Falle ein ungleicharmiger Hebel, der kleinere Hebelarm ist mit der Pflanze verbunden, der Ausschlag des größeren Hebelarms zeigt dann das Wachstum an.

Das Wachstum der Pflanze ist abhängig:

1. von äußeren Bedingungen: Nährstoffen, Feuchtigkeit, Temperatur, Schwerkraft, Licht.
2. von inneren Bedingungen:
   a. von erblich bedingter Veranlagung (z. B. Rhythmik des Wachstums und Polarität),
   b. von Wuchsstoffen (Wachstumshormonen).

1. Die äußeren Bedingungen des Wachstums

Die Pflanzen können nur leben und wachsen, wenn ihnen die erforderlichen Nährstoffe (Seite 63) in genügender Menge zur Verfügung stehen. Die Stärke des Wachstums einer Pflanze wird durch das Element bestimmt, das im Minimum vorhanden ist (Liebig's Minimumgesetz Seite 65). Ein wichtiger Lebensstoff für die Pflanze ist das Wasser, und die Pflanze kann nur bei einer gewissen Feuchtigkeit leben und wachsen.

Auch von der Temperatur ist das Wachstum der Pflanze abhängig. Bei tiefen und bei hohen Temperaturen findet kein Wachstum statt, und bei einer bestimmten Temperatur ist das Wachstum am stärksten. Auch für das Wachstum der Pflanze gibt es **drei Kardinalpunkte der Temperatur:**

Temperaturminimum, das ist die niedrigste Temperatur, bei der Wachstum noch stattfindet (etwa $1^0 - 10^0$ C).

Temperaturoptimum, das ist die Temperatur, bei der das Wachstum am stärksten ist ($25^0 - 35^0$ C).

Temperaturmaximum, das ist die höchste Temperatur, bei der das Wachstum noch stattfindet (etwa $40^0 - 45^0$ C).

Die Kardinalpunkte des Wachstums entsprechen ungefähr den Kardinalpunkten der Photosynthese (Seite 80) und sind bei den verschiedenen Pflanzen verschieden.

Auch die Schwerkraft hat Einfluß auf das Wachstum der Pflanze und bewirkt, daß die Gefäßpflanzen im Hauptsproß stets senkrecht zur Erdoberfläche nach oben und mit der Hauptwurzel senkrecht nach unten in die Erde wachsen (siehe Genaueres später beim Geotropismus!).

Das sichtbare Licht wirkt hemmend auf das Wachstum der Pflanzen ein. Bei lang andauernder Verdunkelung erfolgt eine Streckung der Internodien und eine Verminderung im Wachstum der Blätter, so daß eine Überverlängerung der Sproßachse und eine Verkleinerung der Blätter eintritt, welche Erscheinung **Vergeilung** oder **Etiolement** heißt; Beispiele: im dunklen Keller keimende Kartoffeln und der Spargel. Das Wachstum der Wurzel geht normalerweise nur im Dunkeln (in der Erde) vor sich und wird schon durch geringe Lichtintensität vollständig gehemmt.

Noch stärker hemmend auf das Wachstum der Pflanzen wirken die ultravioletten Strahlen und die Röntgenstrahlen. Die Röntgenstrahlen beeinflussen auch die Kernteilung (siehe Seite 18!) und bewirken mannigfachen Mißwuchs der Pflanze.

2. Die inneren Bedingungen des Wachstums

Das Wachstum der Pflanzen wird durch Wirkstoffe und zwar durch Hormone (Wachstumshormone oder Wuchsstoffe) bestimmt.

Wirkstoff ist ein Stoff, der in sehr geringer Konzentration eine große physiologische Wirkung hervorruft; es gibt drei Arten von Wirkstoffen: Fermente, Hormone, Vitamine.

Hormon ist ein Wirkstoff, der von dem Organismus, auf den er wirkt, selbst hergestellt wird und eine größere Gruppe von Reaktionen steuert.

Vitamin ist ein Wirkstoff, der von einem anderen Organismus hergestellt wird.

Die Vitamine werden ausschließlich von Pflanzen hergestellt, sind aber unentbehrliche Wirkstoffe für Mensch und Tier, die sie mit der Pflanzenkost aufnehmen. Sofern diese Stoffe auch im Pflanzenkörper wirksam sind, so sind sie für die Pflanze ein Hormon.

Die Hormone und Vitamine kommen in den lebenden Organismen (Pflanze oder Tier) in so geringer Konzentration vor, daß sie durch chemische Reaktionen nicht nachgewiesen werden können. Der Nachweis der Hormone und Vitamine erfolgt durch biologische Reaktion, sogenannten Test.

Test (Testreaktion) ist der Nachweis oder die mengenmäßige Bestimmung von äußerst geringen Mengen eines Wirkstoffes durch seine physiologische Wirkung auf einen lebenden Organismus.

Der Test beruht darauf, daß die physiologische Wirkung eines Wirkstoffes mit der Menge des Wirkstoffes zunimmt, so daß man aus der Wirkung auf die Menge des Wirkstoffes schließen kann. Die Testreaktionen sind nie so genaue Bestimmungsmethoden wie die chemischen Nachweisreaktionen.

Die Wachstumshormone (Wuchsstoffe) der Pflanzen sind spezifisch für die einzelnen Wachstumsphasen. Merke gut die einzelnen Wachstumsphasen mit ihren spezifischen Hormonen.

1. Teilungswachstum

Das Teilungswachstum, das in der Kern- und Zellteilung besteht, wird durch besondere **Teilungshormone** bewirkt. Diese Teilungshormone sind artspezifisch, d. h. bei den verschiedenen Pflanzenarten verschieden. Solche Teilungshormone entstehen auch bei einer Verletzung der Pflanze, wahrscheinlich durch Zerfall des Eiweißes, und regen die Bildung des Wundgewebes, des sogenannten Kallus, an. Die Teilungshormone heißen deshalb auch **Wund-** oder **Nekrohormone**; ein solches ist z. B. das **Traumatin**. Hemmend auf Kern- und Zellteilung wirkt das Colchicin, das Gift der Herbstzeitlose (siehe Seite 18!).

Die Kallusbildung ist eine regellose Zellwucherung, die durch wilde Teilungen der angrenzenden unverletzten Zellen bewirkt wird. Mit der Kallusbildung ist die Krebswucherung zu vergleichen, die ebenfalls in einer wilden Zellteilung besteht. Bemerkenswerterweise scheidet Bacterium tumefaciens einen Stoff aus, der ebenfalls krebsartige Wucherungen bei Pflanzen (den sogen. Pflanzenkrebs) durch wilde Zellteilungen hervorruft.

2. Das Plasmawachstum

Das Plasmawachstum (Vermehrung der Plasma- und Kernsubstanz) wird durch die sogenannten **Biosstoffe (Biosfaktoren)** bewirkt, von denen es eine große Zahl gibt. Die wichtigsten Biosstoffe sind **Biotin** und **Aneurin.** Biotin wird besonders von Wildhefe erzeugt,
und es kommt auch im Eiweiß vor. Aneurin ist identisch mit Vitamin B_1 und ist auch ein
Bestandteil des Fermentes Carboxylase. Die Biosstoffe sind weitgehend unspezifisch, d. h.
sie wirken auf alle Pflanzen fast in gleicher Weise ein.

* Die Biosstoffe sind aus Pflanzen durch Auskochen leicht zu gewinnen; sie sind daher in Pflanzenkochsäften, z. B.
im Malzextrakt, im Kochsaft von Wildhefe, enthalten.

* Die Kulturhefen, z. B. die Bierhefe (Saccharomyces cerevisiae) erzeugen im Gegensatz zu den Wildhefen die zu
ihrem Wachstum erforderlichen Biosstoffe nicht selbst und können deshalb in rein synthetischen Nährböden nicht
wachsen, wohl aber auf natürlichen Nährböden, z. B. Malzextrakt, weil diese Biosstoffe enthalten. Setzt man aber
rein synthetischen Nährböden Biosstoffe, z. B. Kochsaft von Wildhefe, zu, dann wächst auch die Kulturhefe. Man
benutzt deshalb Bierhefe in rein synthetischer Nährlösung zum Testen (Nachweis) von Biosstoffen. Eine Hefe-
oder **Saccharomyces-Einheit (S. E.)** ist die Menge Biosstoff, die eine Bierhefe in 5 Stunden verdoppelt. Das Biotin
also, das ein Hormon der Wildhefe ist, ist für die Kulturhefe ein Vitamin, da die Kulturhefe selbst das Biotin nicht
erzeugt.

3. Das Streckungswachstum

Das Streckungswachstum wird bewirkt durch verschiedene Wuchsstoffe (Wuchshormone),
die allgemein auch Auxine genannt werden. Die Auxine sind ihrer chemischen Natur
nach indolartige[1] Verbindungen. Das wichtigste Auxin ist das sogen. Heteroauxin, die
β-Indolessigsäure, von der sich die übrigen Auxine ableiten lassen. Die Auxine sind
nicht artspezifisch, sie werden von allen Pflanzen erzeugt und haben auf alle Pflanzen
dieselbe Wirkung, nämlich daß sie das Streckungswachstum fördern. Die Auxine sind
aber nur Pflanzenwirkstoffe, für den tierischen, so auch für den menschlichen Körper
sind sie wirkungslos.

Die Auxine werden vom Menschen mit der Pflanzenkost aufgenommen, im Harn aber wieder unverändert ausgeschieden. Daher befinden sich Auxine nach einer Pflanzenkost – allerdings in sehr geringer Konzentration – im
Harn und können daraus rein gewonnen werden.

Die Versuche mit der Haferkoleoptile (!)

Die Hafer- oder Avenakoleoptile (Avena, der Hafer) ist die Keimscheide, die den Hafer-
keimling röhrenförmig umfaßt und die im späteren Stadium der Keimung von dem
Keimling durchbrochen wird (siehe Seite 59,
Anm. 2!). Die Spitze der Haferkoleoptile
erzeugt Auxine; diese wandern nach unten
und bewirken das Streckungswachstum der
Koleoptile. Beweis: Wenn die Koleoptile de-
kapitiert, d. h. die Spitze abgeschnitten wird,
hört das Wachstum der Koleoptile auf. Die
Koleoptile wächst aber wieder weiter, wenn
die abgeschnittene Spitze wieder auf den
Koleoptilenstumpf aufgesetzt wird. Dasselbe
erfolgt auch, wenn statt der Koleoptilenspitze ein Agarwürfel[2] der mit der abgeschnittenen Koleoptilenspitze längere Zeit in Berührung stand, auf den Koleoptilenstumpf
aufgesetzt wird, da durch die längere Berührung die Auxine aus der Koleoptilenspitze

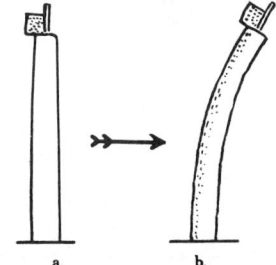

a.   b.
Fig. 54. Versuch mit der
dekapitierten Haferkoleoptile

in den Agarwürfel hineingewandert sind. Wird ein mit Auxin getränkter Agarwürfel
einseitig auf eine dekapitierte Haferkoleoptile aufgesetzt (Fig. 54 a), so krümmt sich die

---

1) Indol ist Benzopyrrol; siehe Sckell, Repetitorium der Organischen Chemie!
2) Agar ist eine aus Algen gewonnene gallertartige Masse.

Haferkoleoptile beim Wachsen nach der entgegengesetzten Seite (Fig. 54 b). Erklärung: Von der Haferkoleoptile erhält nur die Seite mit dem Agarwürfel Auxin und wächst, wodurch die Krümmung bewirkt wird. Je größer aber die Auxinmenge ist, um so stärker ist das einseitige Wachstum und die dadurch bewirkte Krümmung der Koleoptile. Man kann daher mit Hilfe einer dekapitierten Haferkoleoptile Auxine nachweisen und aus der Stärke der Krümmung, d. h. aus der Größe des Krümmungswinkels eines einseitig mit einem Auxin-Agarwürfel bedeckten Koleoptilenstumpfes ein Maß für die Auxinmenge festlegen; sogenannter H a f e r - o d e r A v e n a t e s t .

Eine Avenaeinheit (A. E.) ist die Wuchsstoffmenge (Auxinmenge) in einem Agarwürfel, die bei einseitiger Auftragung auf eine dekapitierte Haferkoleoptile (Avenakoleoptile) bei 20⁰ – 30⁰ C und 92 Prozent Feuchtigkeit im Dunkeln eine Krümmung von 10⁰ bewirkt.

* Die Wirkung der Auxine besteht vielleicht darin, daß sie die Zellwände auflockern und deren plastische Dehnbarkeit erhöhen. Infolge des Turgors dehnen sich die Wände, die Saugkraft der Zelle wird größer, die Zelle nimmt durch Osmose weiter Wasser auf und vergrößert sich dadurch.

Die das Streckungswachstum fördernde Wirkung der Auxine ist von einer bestimmten optimalen Konzentration abhängig. Eine zu geringe Konzentration ist wirkungslos. Eine zu hohe Konzentration, die bedeutend größer als die optimale ist, wirkt sogar hemmend auf das Wachstum. Bemerkenswert ist, daß die optimale Auxinkonzentration für die verschiedenen Organe der Pflanze verschieden ist; sie ist z. B. für die Spitze eines Keimlings bedeutend größer als für die Wurzel, so daß die für die Spitze optimale Konzentration auf das Wachstum der Wurzel schon hemmend wirkt.

Auf die Auxine hat das Licht, und zwar das blaue Licht, einen Einfluß, indem es die Auxine unwirksam macht (inaktiviert). Wird daher eine Haferkoleoptile einseitig belichtet (Fig. 55 a), so krümmt sie sich nach dem Licht hin (Fig. 55 b), weil die Auxine auf der belichteten Seite unwirksam werden, also nur die unbelichtete Seite Auxine hat und daher wächst (sogenannter Phototropismus, siehe Weiteres später in der Reizphysiologie!). Da das Licht die Auxine unwirksam macht, ist das Streckungswachstum der Pflanzen im Dunkeln stärker als im Licht. Hierdurch erklärt sich auch die Vergeilung (Etiolement) der Pflanzen (siehe Seite 96!).

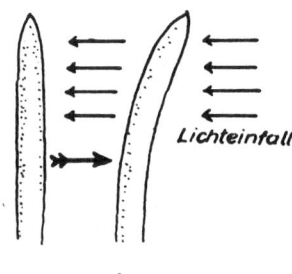

Lichteinfall

a.   b.

Fig. 55. Krümmung der Haferkoleoptile durch einseitige Belichtung

Merke also die **Hormone des Pflanzenwachstums:**

T e i l u n g s w a c h s t u m : Teilungshormone, Wund- oder Nekrohormone, z. B. Traumatin – artspezifisch.

P l a s m a w a c h s t u m : Biosstoffe (Biosfaktoren); Biotin, Aneurin – unspezifisch – Hefetest, Hefe- oder Saccharomyceseinheit (S. E.).

S t r e c k u n g s w a c h s t u m : Auxine, besonders Heteroauxin – unspezifisch – Hafer- oder Avenatest, Avenaeinheit (A. E.).

Innere Bedingungen des Wachstums sind noch:

Rhythmik des Wachstums, das ist der gleichmäßige Wechsel des Wachstums; sie ist nicht bloß durch den Wechsel der Jahreszeiten bedingt, sondern ist auch eine der Pflanze innewohnende Eigenschaft und erblich bedingt.

Polarität, das ist die Erscheinung, daß Stecklinge (abgeschnittene Sproßteile) stets am morphologisch unteren Ende Wurzeln, am morphologisch oberen Ende Sprosse bilden, ganz gleich, wie sie aufgestellt werden. Die Polarität des Sprosses geht auf die Polarität der Eizelle zurück.

17. Kapitel

Reiz- und Bewegungsphysiologie

Die Pflanzen können, wenn auch im beschränkteren Maße als die Tiere, Bewegungen ausführen und zwar:

1. freie Ortsbewegungen, nur bei freibeweglichen, nicht festgewachsenen Pflanzen, also nur bei niederen Pflanzen (Flagellaten, Bakterien), ferner bei Schwärmsporen, Gameten und Spermatozoiden.
2. Lageveränderung einzelner Organe (Krümmung, Drehung, Windung).

Die Bewegungen können infolge innerer Vorgänge oder durch einen äußeren Anlaß erfolgen. Man unterscheidet demgemäß:

1. autonome oder endogene Bewegungen, wenn sie durch einen inneren Vorgang veranlaßt sind,
2. induzierte Bewegungen, wenn sie durch eine äußere Ursache, sogenannten Reiz, veranlaßt sind.

Reiz heißt die äußere Ursache, die eine Reaktion, z. B. eine Bewegung, in einem lebenden Organismus hervorruft.

Die Aufnahme (Perzeption) eines Reizes bewirkt eine Veränderung im lebenden Plasma (Reizleitung) und eine darauf folgende äußere Bewegung (Reaktion). Reiz, Reizleitung und Reaktion bilden die **Reizkette,** die einen zeitlichen Verlauf hat.

Reaktionszeit ist die Zeit vom Beginn der Reizung bis zum Beginn der Reaktion. **Präsentationszeit** ist die geringste Zeitspanne eines Reizes, die gerade noch eine Reaktion auslösen kann. **Latenzzeit** ist die Zeit vom Ende der Präsentationszeit bis zum Beginn der Reaktion; also: Reaktionszeit = Präsentationszeit + Latenzzeit.

* Für einen begrenzten Zeit- und Intensitätsbereich ist die Reizmenge, das ist das Produkt aus der Intensität (J) und der Zeitdauer (t) des Reizes, konstant, also: $J \cdot t =$ konstant. Daraus folgt: Je größer die Reizintensität (Reizstärke) ist, um so kleiner kann die Reizzeit sein. Ein Reiz muß aber eine Mindestgröße, sogenannten **Schwellenwert,** haben, um eine Reaktion hervorzurufen. Kleinere Reize, sogenannte unterschwellige Reize, rufen einzeln keine Reaktion hervor. Unterschwellige Reize addieren sich aber, d. h. wirken mehrere unterschwellige Reize in nicht zu großen Zeitabständen hintereinander ein, so erfolgt ebenfalls eine Reaktion.

Der Ort der Reizaufnahme ist gewöhnlich nicht derselbe wie der Ort der Reakion. Es muß also eine örtliche Reizleitung vom Orte der Reizaufnahme zum Orte der Reaktion stattfinden. Besondere Bahnen für die Reizleitung, wie die Tiere im Nervensystem, hat die Pflanze nicht. Bei der Pflanze wird der Reiz durch das Zellplasma und von Zelle zu Zelle durch die Plasmodesmen fortgeleitet.

Bei den durch einen Reiz hervorgerufenen Bewegungen unterscheidet man:

1. **Taxien,** das sind gerichtete Ortsbewegungen ganzer Pflanzen, deren Richtung durch den Reiz bestimmt ist; nur bei Einzellern, Plastiden, Sporen, Gameten.
2. **Tropismen,** das sind durch einen Reiz verursachte Krümmungsbewegungen, deren Richtung durch den Reiz bestimmt ist.
3. **Nastien,** das sind durch einen Reiz verursachte Krümmungsbewegungen, deren Richtung in keiner Beziehung zum Reize steht, also nur durch die Pflanze selbst bestimmt ist.

Nach dem Mechanismus der Bewegung unterscheidet man bei den Krümmungsbewegungen (Tropismen, Nastien):

1. **Wachstumsbewegungen,** die durch ungleiches Wachstum von Pflanzenteilen zustande kommen, z. B. ein Sproß, dessen eine Seite stärker wächst als die andere, krümmt sich nach der Seite des kleineren Wachstums (s. Seite 97/98!); nur möglich bei noch wachsenden Pflanzen und Pflanzenteilen.

2. **Turgorbewegungen,** auch **Variationsbewegungen** genannt, wenn sie durch Turgorschwankungen und somit durch Änderung der Gewebespannung zustande kommen.

Die Turgorbewegungen verlaufen naturgemäß schneller als die Wachstumsbewegungen. Die Tropismen sind Wachstumsbewegungen, die Nastien sind meist Turgorbewegungen, aber auch zum Teil Wachstumsbewegungen. Taxien und Tropismen sind also stets Bewegungen, deren Richtung eine Beziehung zum Reiz hat; sie heißen **positiv,** wenn sie zur Reizquelle hin, **negativ,** wenn sie von der Reizquelle weggerichtet sind.

Taxien

Taxien sind die durch Reiz verursachten Ortsbewegungen frei beweglicher Pflanzen; nur bei Einzellern: Flagellaten, Bakterien, Schwärmsporen (Seite 49), Gameten, Spermatozoiden (Seite 50).

Die positive Taxis ist zur Reizquelle hin gerichtet und heißt auch **Topotaxis.** Die negative Taxis ist von der Reizquelle weg gerichtet; sie ist eine Schreck- oder Fluchtbewegung, indem der Organismus dem Reize auszuweichen sucht, und heißt auch **Phobotaxis.** Nach der Ursache des Reizes unterscheidet man:

Phototaxis, das ist eine durch einen Lichtreiz verursachte Taxis, z. B. bei grünen Flagellaten und bei Schwärmsporen von Algen, die schwaches Licht aufsuchen (positive Phototaxis) und starkes Licht fliehen (negative Phototaxis). Phototaktisch sind auch die Bewegungen der grünen Chloroplasten innerhalb der grünen Pflanzenzellen (Seite 80!): bei geringerer Lichtstärke stellen sie sich quer zum Lichteinfall, so daß sie viel Licht empfangen (positive Phototaxis), bei großer Lichtstärke wandern sie an die Seitenwände und stellen sich parallel zum Lichteinfall, so daß sie wenig Licht empfangen (negative Phototaxis).

Chemotaxis ist die durch einen chemischen Reiz bewirkte Taxis. Der chemische Reiz wird durch ein Konzentrationsgefälle eines gelösten Stoffes verursacht. Die Chemotaxis ist positiv, wenn die Bewegung in Richtung der höheren Konzentration, negativ, also eine Phobotaxis, wenn die Bewegung in Richtung der geringeren Konzentration erfolgt. Bewegliche, im Wasser befindliche Bakterien werden z. B. von Fleischextrakt angelockt; befindet sich der Fleischextrakt in einer unten offenen Kapillare, so ziehen sich die Bakterien in die Kapillare hinein. Chemotaktisch werden auch die Gameten oder die Spermatozoiden durch Stoffe, die von den Archegonien ausgeschieden, werden angelockt. z. B. bei Farnen durch Äpfelsäure, bei Laubmoosen durch Rohrzucker (siehe Seite 52!). Ein besonderer Fall der Chemotaxis ist die Anlockung von sauerstoffbedürftigen Bakterien (sogenannte **Aerotaxis**). Durch solche aeroben Bakterien, die auf Sauerstoff chemotaktisch reagieren, kann man nachweisen, daß bei der Photosynthese von der grünen Pflanze Sauerstoff ausgeschieden wird, daß die Photosynthese in den Chloroplasten stattfindet und daß vor allem das rote Licht und in geringerem Grade auch das blaue Licht die Photosynthese bewirken (Versuche von Engelmann, Seite 78, 79).

Tropismen

Tropismus ist eine durch einen Reiz verursachte Krümmungsbewegung einer Pflanze, deren Richtung durch den Reiz bestimmt ist.

Die Tropismen sind im allgemeinen Wachstumsbewegungen, d. h. durch ungleiches Wachstum von Pflanzenteilen bewirkt. Eine Ausnahme bilden die phototropisch reizbaren Blätter, deren Blattgelenke durch Turgorschwankungen reagieren. Nach der verschiedenen Art des Reizes unterscheidet man:

1. **Phototropismus** durch Lichtreiz,
2. **Geotropismus** durch die Schwerkraft (Anziehungskraft der Erde),

3. Chemotropismus durch chemischen Reiz,
4. Haptotropismus(Thigmotropismus) durch Berührung,
5. Traumatropismus durch Verletzung,
6. Galvanotropismus(Elektrotropismus) durch elektrischen Reiz,
7. Thermotropismus durch Wärmereiz.

Erfolgt die tropistische Bewegung parallel zur Reizrichtung, so ist sie **orthotrop,** und zwar **positiv,** wenn sie zur Reizquelle hin, **negativ,** wenn sie von der Reizquelle weg gerichtet ist. Erfolgt die tropistische Bewegung senkrecht oder schräg zur Reizrichtung, so ist sie **plagiotrop.** Für die tropistische Bewegung gilt:

Das Resultantengesetz

Wirken zwei oder mehrere Reize gleichzeitig auf eine Pflanze ein, so erfolgt die Reaktionsbewegung in Richtung der Resultante der einwirkenden Reize, die wie in der Physik nach dem Kräfteparallelogramm gefunden wird, z. B. in Figur 56 ist die Diagonale des Parallelogramms die Resultante (R) der beiden Reize R_1 und R_2. (Das Resultantengesetz wird durch den Phototropismus der Avenakoleoptile mit Hilfe zweier Lichtquellen demonstriert; vgl. Seite 98!).

Phototropismus

Phototropismus ist die durch Licht bewirkte Richtungsbewegung von Pflanzen. **Bei einer wachsenden Pflanze ist der Sproß im allgemeinen positiv phototropisch, d. h. er wächst zum Lichte hin, die Wurzel ist negativ phototropisch, d. h. sie wächst vom Lichte weg.** Beispiele: Die Keime der im dunklen Keller keimenden Kartoffeln sind alle nach dem Kellerfenster hin gerichtet. Die Blätter vieler Pflanzen stellen ihre Blattspreiten durch Krümmung und Drehung senkrecht zum Lichteinfall ein, wodurch das sogenannte Blattmosaik entsteht. Bei sehr starker Lichtintensität, wie dies in den südlichen Ländern der Fall ist, stellen sich die Blätter mancher Pflanzen (sogen. Kompaßpflanzen) parallel zur Richtung des stärksten Lichteinfalls – das ist mittags – also in die Nord-Südrichtung ein und zeigen damit wie ein Kompaß die Nord-Südrichtung an. Die Sporangienträger mancher Pilze sind phototropisch und krümmen sich bei einseitiger Belichtung nach dem Lichte hin. Vorlesungsversuch: Die Sporangienträger des auf dem Pferdemist wachsenden Pilzes

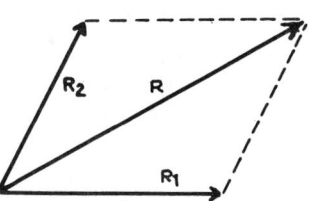

R, Resultante von R_1 und R_2
Fig. 56. Resultantengesetz

Pilobolus befinden sich in einem Dunkelkasten, der auf einer Seite ein Glasfenster hat. Die Sporangienträger haben sich alle nach dem Glasfenster hin gerichtet und ihre Sporangien auf das Glasfenster abgeschossen. Merke gut:

Die phototropischen Versuche mit der Avenakoleoptile

Die Avenakoleoptile (Koleoptile des Hafers) ist phototropisch und krümmt sich bei einseitiger Belichtung nach der Richtung des Lichteinfalles (vgl. Seite 98 und Fig. 55!). Aber nur die Spitze der Koleoptile ist lichtempfindlich, d. h. nur an der Spitze erfolgt die Aufnahme (Perzeption) des Lichtreizes, während die Basis sich krümmt, aber lichtunempfindlich ist; Beweis durch den Käppchen- und Schürzenversuch: Wird die

Spitze mit einer Metallkappe bedeckt, so erfolgt trotz einseitigem Lichteinfall keine Krümmung der Koleoptile (Fig. 57 a.). Wird aber von der Koleoptile die Spitze freigelassen, die Basis aber durch ein Metallblech (sogen. Schürze) bedeckt, so erfolgt bei einseitiger Belichtung eine Krümmung der Koleoptile nach dem Lichteinfall hin (Fig. 57 b). Wird eine Haferkoleoptile von zwei Lichtquellen belichtet, so erfolgt die Krümmung in Richtung der Resultanten beider Lichtstrahlen (Resultantengesetz!). Wird eine Haferkoleoptile allseitig gleichmäßig belichtet – dies geschieht dadurch, daß eine Haferkoleoptile ringsum von mehreren Glühbirnen belichtet wird oder daß eine Koleoptile sich langsam dauernd vor einer einzigen Glühbirne dreht – so erfolgt keine Krümmung, da die Lichtreize auf die Koleoptile allseitig sind (alle Versuche werden gewöhnlich in der Vorlesung gezeigt!).

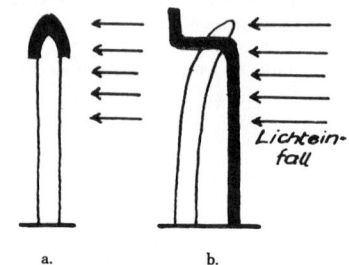

 (within flow)

Der Phototropismus ist ein Sonderfall des Streckungswachstums (Seite 97) und kommt dadurch zustande, daß die Auxine durch das Licht unwirksam gemacht (inaktiviert) werden, so daß die unbelichtete Seite mehr Auxine enthält, infolgedessen stärker wächst und die Koleoptile sich nach dem Lichte hin krümmt (vgl. S. 97!).

a.   b.

Fig. 57. Käppchen (a)- und Schürzen (b) - versuch mit der Haferkoleoptile

Bei dem Phototropismus sind besonders die blauen und blauvioletten Strahlen wirksam und bewirken den Lichtreiz, indem sie von den orangegelben Karotinoiden absorbiert werden (daher die gelbe Farbe der Karotinoide!), während bei der Photosynthese (Seite 79) vor allem das rote Licht, das vom Chlorophyll absorbiert wird, wirksam ist. Merke den Unterschied zwischen:

Photosynthese	Phototropismus
1. Keine Reizreaktion.	1. Reizreaktion.
2. Bewirkt vor allem durch das rote Licht, das von dem grünen Chlorophyll absorbiert wird.	2. Bewirkt durch blaues und blauviolettes Licht, das von den gelben Karotinoiden absorbiert wird.
3. Aufbau von organischen Verbindungen, Speicherung von Energie.	3. Abbau von organischen Verbindungen und Verbrauch von Energie.

Geotropismus

Geotropismus ist die Fähigkeit der Pflanze, in ihrem Wachstum auf die Schwerkraft (Gravitationskraft) der Erde zu reagieren.

Auf dem Geotropismus beruht es, daß die Pflanzen mit dem Hauptsproß und mit der Hauptwurzel vertikal, also in Richtung der Schwerkraft, wachsen, selbst wenn sie auf einem Abhange stehen, und zwar wächst die Wurzel nach dem Erdmittelpunkte hin, ist also positiv geotropisch, der Sproß wächst vom Erdmittelpunkte weg, ist also negativ geotropisch. Seitensprosse, Rhizome und Seitenwurzeln wachsen aber schräg oder senkrecht zur Schwerkraft und sind plagiotrop.

Bringt man einen Keimling in horizontale Lage (Fig. 58), so wächst er weiter, und der Sproß krümmt sich nach oben, die Wurzel nach unten. Daß die Ursache dieses geotro-

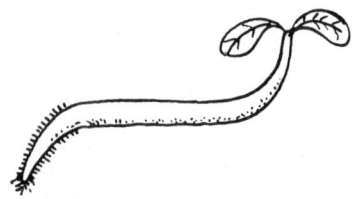

Fig. 58. Geotropismus bei einem horizontal liegenden Keimling

pischen Verhaltens des Keimlings und überhaupt aller Pflanzen die Schwerkraft ist, wird durch folgende Versuche bewiesen:

1. **Versuch mit dem Klinostaten**, das ist ein sehr langsam rotierendes Drehwerk mit horizontal liegender Drehachse: Eine Pflanze, z. B. ein Keimling, die im Klinostaten mit ihrer Sproßachse waagerecht liegend befestigt ist und sich dauernd dreht, krümmt sich nicht, sondern wächst in horizontaler Richtung weiter, weil durch die dauernde Drehung die einseitige Wirkung der Schwerkraft auf die Pflanze ausgeschaltet wird.

2. **Versuch mit der Zentrifuge**: Wird ein Keimling senkrecht auf einer um eine vertikale Achse sehr schnell rotierenden Scheibe befestigt (Fig. 59), so wächst die Wurzel nach außen (von der Drehachse weg) und der Sproß nach innen (nach der Drehachse zu). Erklärung: Außer der Schwerkraft (SK) wirkt jetzt noch die Zentrifugalkraft (ZK) auf den Keimling ein. Dieser wächst daher parallel zur Richtung der Resultanten (R), und zwar die positiv geotropische Wurzel in Richtung der Resultanten, der negativ geotropische Sproß in der entgegengesetzten Richtung (Engländer Knight 1806).

Fig. 59. Zentrifugenversuch
(Knight 1806)

Das geotropisch verschiedene Verhalten von Wurzel und Sproß beruht auf einem durch Auxin bewirkten Wachstum und erklärt sich dadurch, daß die optimale Auxinkonzentraiton für die Wurzel bedeutend kleiner als für den Sproß ist (siehe Seite 98!). Wird ein Keimling waagerecht gelegt (Fig. 58), so tritt auf der Unterseite des Keimlings eine Anhäufung des Auxins ein, so daß die Auxinkonzentration auf der Unterseite des Keimlings größer als auf der Oberseite wird. An der Wurzel wird die Auxinkonzentration auf der Unterseite so groß, daß die optimale Auxinkonzentration der Wurzel weit überschritten ist und das Wachstum der Unterseite gehemmt ist. Die Oberseite der Wurzel, die nicht im Wachstum gehemmt ist, wächst daher stärker als die Unterseite; die Wurzel krümmt sich infolgedessen nach unten. An der Unterseite des Sprosses aber ist die optimale Auxinkonzentration des Sprosses noch nicht überschritten. Daher wächst die Unterseite des Sprosses, weil in ihr die Auxinkonzentration größer als in der Oberseite ist, stärker als die Oberseite, der Sproß krümmt sich infolgedessen nach oben.

Die Anhäufung des Auxins auf der Unterseite eines waagerecht liegenden Keimlings glaubt man heute folgendermaßen zu erklären: In dem waagerecht liegenden Keimling wandern die leichtbeweglichen Kationen (+) infolge der Schwerkraft nach unten, während die schwerbeweglichen hochmolekularen Anionen (–) an ihrer Stelle bleiben. Infolgedessen wird die Unterseite des waagerecht liegenden Keimlings positiv, die Oberseite negativ. Das Auxin hat nun die Eigenschaft, an dem positiven Pole, also auf der Unterseite des waagerecht liegenden Keimlings, seine Konzentration und seine Wirksamkeit zu vergrößern.

Die geotropische Empfindlichkeit der Pflanze wird auch durch die Statolithentheorie erklärt: In den Zellen der Wurzelhaare befinden sich auffallend viele im Plasma leichtbewegliche Stärkekörner, sogenannte Statolithenstärke (vgl. Seite 31 und Fig. 24!), die normal einen Druck auf die untere Zellwand ausüben. Bei waagerechter Lage der Wurzel fallen aber die Stärkekörner auf die seitliche Zellwand und üben auf diese einen Druck aus. Dadurch, daß die Stärkekörner bei verschiedener Lage der Wurzel ihren Druck auf verschiedene Stellen der Zellwand ausüben, hat die Pflanze die Möglichkeit, ihre Lage im Raume wahrzunehmen. Diese Lagebestimmung der Pflanze ist also ähnlich der Gleichgewichtsbestimmung der Krebse durch die Statolithen (daher der Name Statolithenstärke).

Eine besonders starke geotropische Reaktion zeigen die Knoten der Gräser, z. B. des Getreides. Wenn ein Getreidehalm, durch Platzregen niedergeworfen, waagerecht liegt, dann beginnt die Unterseite des Knotens stark zu wachsen, so daß sich der Knoten nach oben krümmt und der Halm sich wieder aufrichtet.

* Äste, Seitenzweige, Seitenwurzel, Rhizome wachsen gewöhnlich unter einem Winkel zur Richtung der Schwerkraft (geotropisch plagiotrop). Wenn aber der Hauptsproß abgeschnitten wird, dann kann ein Seitensproß die vertikale Wuchsrichtung übernehmen; die geotropische Veranlagung der Pflanzenteile ist also manchmal umstimmbar.

Chemotropismus

Chemotropismus ist der durch einen chemischen Reiz, d. h. durch einen Stoff bewirkte Tropismus. Maßgebend für die Reaktion ist das Konzentrationsgefälle. Beispiele: Der Pollenschlauch der Blütenpflanzen wächst durch den Fruchtknoten zum Embryosack (siehe Seite 56!), was durch einen chemischen Reiz verursacht wird. Die Wurzeln wachsen nach den Orten, die feuchter sind.

Haptotropismus

Haptotropismus, auch **Thigmotropismus** genannt, ist der durch einen Berührungsreiz verursachte Tropismus. Haptotropismus zeigen z. B. die Ranken der Rankenkletterer, die sich bei Berührung mit einem festen Körper nach der Berührungsstelle hin krümmen, so daß der feste Körper umfaßt wird. Berührung mit einer Flüssigkeit, z. B. mit Wasser, bewirkt keine Reaktion. Die haptotropische Krümmung der Ranke erfolgt wiederum durch ungleiches Streckungswachstum. Vor der Berührung eines festen Körpers führt die Ranke eine autonome kreisende Suchbewegung aus, die also eine Nutation und kein Tropismus ist.

Nastien

Nastie ist eine durch einen Reiz verursachte Bewegung einer Pflanze, deren Richtung in keiner Beziehung zum Reize steht, also nur durch die Pflanze selbst bestimmt ist.

Nach der verschiedenen Art des Reizes unterscheidet man:

1. Haptonastie durch Berührung,
2. Seismonastie durch Erschütterung,
3. Chemonastie durch chemischen Reiz,
4. Photonastie durch Lichtreiz,
5. Thermonastie durch Temperaturwechsel,
6. Nyktinastie durch Wechsel von Tag und Nacht.

Die nastischen Bewegungen sind meist Turgorbewegungen (Variationsbewegungen), d. h. sie kommen durch Turgorschwankungen in den Geweben zustande, aber vereinzelt sind sie auch Wachstumsbewegungen, z. B. die thermonastischen Bewegungen.

Haptonastie (Thigmonastie) und **Chemonastie** zeigen die Fangorgane der fleischfressenden Pflanzen, die auf Berührung oder auf chemischen Reiz zusammenfallen, z. B. die Tentakeln des Sonnentaus und die Fangklappen der Venusfliegenfalle (vgl. Seite 44!) Haptonastisch sind bei manchen Blüten die Staubblätter, die sich bei Berührung durch ein Insekt gegen den Stempel krümmen und hierbei den Pollen an dem Insekt abstreifen.

Seismonastie, Reizbarkeit auf Stoß oder durch Erschütterung, zeigt in auffallender Weise die tropische Mimose (*Mimosa pudica), bei der durch Erschütterung die Blätter nach unten klappen. Die Mimose ist auch auf Berührung, also haptonastisch, empfindlich. Die nastischen Bewegungen der Mimosenblätter kommen durch Turgorschwankungen in den polsterförmigen Gelenken der Blätter zustande.

Photonastie wird durch den Lichtreiz bewirkt: bei manchen Blüten, z. B. bei der Blüte der Seerose, die sich im Lichte öffnet, im Dunkeln schließt.

Thermonastie wird durch Temperaturwechsel hervorgerufen, z. B. bei der Blüte der Tulpe, die sich bei tieferer Temperatur schließt, bei höherer Temperatur öffnet (verursacht durch Streckungswachstum).

Nyktinastische Bewegungen hängen mit dem Wechsel von Tag und Nacht zusammen und treten bei vielen Laubblättern auf, die sich tags heben, nachts senken (sogen. Schlafbewegungen), z. B. bei Bohne, Klee, Mimose.

Die nyktinastischen Bewegungen sind teils durch Lichtwechsel, teils durch Temperaturwechsel verursacht, sie sind also photo- und thermonastische Bewegungen. Bei manchen Pflanzen sind die nyktinastischen Bewegungen autonom. Der Zweck der nyktinastischen Bewegungen ist noch unbekannt.

Nastische Bewegungen sind auch die Schließ- und Öffnungsbewegungen der Schließzellen (Seite 37, 72), die durch Änderung der Luftfeuchtigkeit oder der Intensität des auffallenden Lichtes verursacht werden.

Nutationen

Nutationen sind autonome (endogene), also nicht durch einen äußeren Reiz verursachte Bewegungen; sie kommen meist durch verschieden starkes Wachstum von Pflanzenteilen zustande.

Solche Nutationen sind die kreisenden Bewegungen, die die Winde- oder Schlingpflanzen und die Ranken von Rankenkletterern ausführen, bis sie eine Stütze gefunden haben, es sind also Suchbewegungen, durch die das Auffinden einer Stütze ermöglicht wird. Auch das Winden der Windepflanzen (Schlingpflanzen) ist autonom, während die Krümmungsbewegung der Ranken haptotropisch, also eine Reizbewegung ist.

* Die Winderichtung ist eine konstante Eigenschaft einer Windepflanze. Die meisten Pflanzen sind Linkswinder, nur wenige Pflanzen (z. B. Hopfen) sind Rechtswinder. Es gibt aber auch Alleswinder, das sind Pflanzen, die links- und rechtsherum winden können.

* Taxien, Tropismen, Nastien und Nutationen sind Bewegungen, die eine Lebenstätigkeit der Pflanzen sind. Außer diesen Bewegungen gibt es auch Bewegungen von Pflanzenteilen, die rein mechanisch, vom Leben ganz unabhängig sind, z. B. das Aufspringen von Früchten, Herausschleudern von Samen u. a. Die Ursachen sind rein physikalisch, nämlich Spannungen, Reißen, Quellung von Gewebeteilen.

18. Kapitel

Die Wirkstoffe

Wirkstoffe sind Stoffe (chemische Verbindungen), die schon in geringer Menge regulierend in die physiologischen Prozesse des pflanzlichen oder tierischen Organismus eingreifen.

Die biologischen Wirkstoffe sind:

1. Fermente oder Enzyme,
2. Hormone,
3. Vitamine.

Zwischen Fermenten, Hormonen und Vitaminen bestehen manche Beziehungen.

I. Fermente

Fermente oder **Enzyme** sind organische Katalysatoren, sogenannte Biokatalysatoren, die eine chemische Reaktion auslösen oder beschleunigen; es sind kompliziert gebaute organische Stickstoffverbindungen von Eiweißcharakter, die stets von lebenden Zellen gebildet werden, deren katalytische Wirkung aber nicht an die lebende Zelle gebunden ist, also auch außerhalb der Zelle, z. B. im Reagenzglase (in vitro) möglich ist. Synthetisch ist noch kein Ferment hergestellt worden.

Beschaffenheit und Eigenschaft der Fermente

Die Fermente (Enzyme) haben Eiweißcharakter: sie sind kolloidaler Natur, gehen durch Ultrafilter nicht hindurch, koagulieren wie das Eiweiß bei 60° C, sind also hitzeunbeständig (thermolabil) und werden durch längeres Erhitzen zerstört. Die meisten Fermente sind zusammengesetzt und bestehen aus einem inaktiven Träger, der ein Eiweißstoff (Protein) ist und das **Apoferment** heißt, und einer nicht eiweißartigen Gruppe, der Wirkgruppe, die das **Coferment** heißt. Das Apoferment ist als Eiweißstoff hochmolekular und von kolloidaler Natur, also nicht ultrafiltrierbar, koaguliert bei 60° C, daher hitzeunbeständig (thermolabil), nicht synthetisierbar. Das Coferment, die Wirkgruppe, ist kein Eiweißstoff, niedermolekular, nicht von kolloidaler Natur, daher ultrafiltrierbar, mehr oder weniger hitzebeständig (thermostabil) und kann synthetisch hergestellt werden. Das ganze Ferment, Apoferment und Coferment zusammen, wird auch als **Holoferment** bezeichnet. Merke also:

Holoferment	=	Apoferment	+	Coferment
		Eiweißträger (Protein), hochmolekular, kolloidal, nicht ultrafiltrierbar, thermolabil, nicht synthetisierbar.		prosthetische Gruppe, kein Eiweißstoff, niedermolekular, ultrafiltrierbar, thermostabil, synthetisierbar.

Eiweißträger (Apoferment) und Wirkgruppe (Coferment) sind für sich allein nicht katalytisch wirksam, erst die Vereinigung beider zum Holoferment schafft das katalytisch-aktive Ferment.

* Das Coferment besteht meist aus heterozyklischen Verbindungen (z.B. Pyridin) und enthält oft Schwermetallatome, so die Oxydationselemente (Seite 88) Eisen, Kupfer. In vielen Fällen sind Vitamine Cofermente, z. B. Vitamin B_1 (Aneurin) in der Carboxylase, Vitamin B_2 (Lactoflavin) im gelben Atmungsferment. Die Notwendigkeit der Spurenelemente (Seite 64) beruht vielleicht darauf, daß sie Bestandteile der Wirkgruppe von Fermenten sind.

Die Wirkungsweise der Fermente

1. Die Fermente als Katalysatoren wirken schon in kleinen Mengen.
2. Die Fermente sind spezifisch, d. h. ein Ferment greift immer nur einen ganz bestimmten Stoff an und bewirkt eine ganz bestimmte Reaktion.
3. Das Ferment, und zwar das Apoferment, geht mit dem Stoffe, den es angreift, vorübergehend eine Verbindung ein, wodurch dieser Stoff aufgelockert und reaktionsfähig gemacht wird.
4. Die Wirkung der Fermente hängt von der Temperatur ab. Das Temperaturoptimum für die meisten Fermente ist bei 40° C.
5. Die Wirkung der Fermente ist von der p_H–Zahl, d. h. von der Wasserstoffionenkonzentration, abhängig. Für jedes Ferment gibt es ein p_H–Optimum, bei dem die Wirkung des Fermentes am stärksten ist.
6. Die Fermente wirken nach beiden Richtungen, z. B. das Ferment Amylase bewirkt nicht bloß eine Spaltung der Stärke in Zucker, sondern auch den Aufbau der Stärke aus Zucker.
7. Die Fermente werden durch manche Stoffe, sogenannte **Fermentgifte**, unwirksam gemacht.

Die Namen der Fermente werden mit der Endsilbe -ase gebildet, und zwar entweder nach dem Stoffe, den sie angreifen, oder nach der Reaktion, die sie bewirken. Merke:

Die wichtigsten Fermente

1. **Hydrolasen**, die die hydrolytische Spaltung, das ist die Spaltung einer Verbindung unter Wasseraufnahme, bewirken:

   Lipasen spalten Fette in Glycerin und Fettsäure,
   Phosphatasen spalten Phosphorsäureester,

Amylasen(Diastasen) spalten die Stärke bis zum Malzzucker,
Cellulasen spalten die Zellulose,
Maltase spaltet den Malzzucker,
Proteinasen spalten das Eiweiß (Protein).

2. **Desmolasen,** die die Oxydation bewirken und die Kohlenstoffkette sprengen, z.B.:
Dehydrasen, die Wasserstoff abspalten und übertragen, z. B. das gelbe Ferment (bestehend aus Eiweiß und Lactoflavinphosphorsäure),
Oxydasen, die Sauerstoff übertragen, z. B. Warburgs Atmungsferment uud die Cytochrome (beides Zellhämine),
Carboxylase, die die Karboxylgruppe als CO_2 abspaltet,
Das Coferment der Carboxylase ist der Phosphorsäureester des Aneurins (= Vitamin B_1)
Katalase, die Wasserstoffperoxyd in Wasser und molekularen Sauerstoff zerlegt.

Die Oxydasen (Warburgs Atmungsferment, Cytochrome, Katalase) sind Zellhämine, das sind Verbindungen, die wie der rote Blutfarbstoff des Hämoglobins gebaut sind und deren Cofermente (prosthetische Gruppen) Hämine sind. Die Hämine sind Eisenverbindungen mit vier Pyrrolkernen (sogen. Porphinringe), also ähnlich gebaut wie das Chlorophyll, das aber statt des Eisenatoms das Magnesiumatom hat (siehe Seite 19!). Die Fermentwirkung der Zellhämine beruht auf einem Wertigkeitswechsel des Eisen [Fe(2) $\rightleftarrows$ Fe(3)]. Bei Hämoglobin aber erfolgt kein Wertigkeitswechsel (!). Die Oxydasen sind wegen ihres Eisengehaltes gegen Blausäure (HCN) und deren Salze, die Cyanide, sehr empfindlich, weil die Blausäure mit dem Eisen eine Komplexverbindung eingeht und dadurch die katalytische Wirkung vernichtet. Daher ist die Blausäure ein starkes Zellgift. Es gibt aber auch Zellen ohne Oxydasen, nämlich die Zellen der anaeroben Bakterien (Seite 90); diese sind daher gegen Blausäure und deren Salze unempfindlich.

Die Fermente kommen in allen lebenden Zellen vor.

II. Hormone und Vitamine

Hormon ist ein Wirkstoff, der von dem lebenden Organismus, auf den er einwirkt, selbst hergestellt wird.

Vitamin ist ein Wirkstoff, der von einem anderen Organismus hergestellt wird, z. B. die lebensnotwendigen Vitamine des Menschen werden von Pflanzen hergestellt und mit der Pflanzenkost aufgenommen (vgl. Seite 5!).

Hormone und Vitamine haben keinen Eiweißcharakten, sie sind also ultrafiltrierbar und nicht von kolloidaler Natur.

Die Pflanzenhormone (Phytohormone) sind die Wuchshormone; siehe Seite 96! Vitamine für Pflanzen sind selten, da fast alle Pflanzen ihre Wirkstoffe selbst herstellen und diese als Hormone zu bezeichnen sind. Nur die Kulturhefe kann die Biosstoffe (Seite 97), die sie für das Plasmawachstum benötigt, nicht selbst herstellen, und muß sie daher von anderen Pflanzen erhalten (siehe Seite 97!). Die Biosstoffe sind also für die Kulturhefe Vitamine, während sie bei den anderen Pflanzen Hormone sind. Genaueres über die Wachstumshormone der Pflanzen (Seite 96 – 98!.)

Die Vitamine des Menschen

Die Vitamine des Menschen sind notwendige Ergänzungsstoffe zu den Nahrungsstoffen (Kohlehydrate, Fette, Eiweiß) des Menschen. Sie werden alle in Pflanzen hergestellt und von den Menschen vor allem mit der Pflanzenkost aufgenommen (deshalb die Wichtigkeit der Pflanzenkost für den Menschen!). Die Vitamine greifen fördernd und regulierend in die Stoffwechselvorgänge im menschlichen Organismus ein. Dauerndes Fehlen der Vitamine in der menschlichen Nahrung ruft spezifische Krankheiten, sogenannte Mangelkrankheiten (Avitaminosen), hervor.

Merke also:

Vitamin B₁ ist das Aneurin, das auch ein Pflanzenhormon (Wuchshormon für das Plasmawachstum) ist und als Phosphorsäureester das Coferment der Carboxylase bildet.

Vitamin B₂ ist der gelbe Farbstoff Lactoflavin und bildet als Phosphorsäure-ester das Coferment des gelben Fermentes.

Vitamin C ist die Ascorbinsäure und kommt besonders in Zitrone, Apfelsine und Paprika, aber auch in anderen Früchten und im Gemüse vor. Es spielt bei den Redoxvorgängen in den Zellen eine wichtige Rolle.

Vitamin A ist das Spaltprodukt des pflanzlichen Karotins.

Vitamin D ist das antirachitische Vitamin.

Die meisten Vitamine können auch synthetisch hergestellt werden. Hormone und Vitamine kommen in den Pflanzen stets in solch geringer Konzentration vor, daß sie durch chemische Reaktionen nicht nachgewiesen werden können; zu ihrem Nachweis bedient man sich vielmehr des Testes (siehe Seite 96 u. vgl. Seite 97, 98!).

C. ANHANG

19. Kapitel

Die Bakterien

Bakterien, auch Spaltpilze (* Schizomyceten) genannt, sind farblose, meist einzellige Pflanzen von der Größe von etwa $1\,\mu$ ($=0,001$ mm), also noch mit dem gewöhnlichen Mikroskop (Auflösungsvermögen: $0,2\,\mu$) sichtbar.

Die Bakterien sind – von einigen Ausnahmen abgesehen – farblos, das Plasma enthält keine Plastiden, also kein Chlorophyll; die Bakterien sind daher zur Photosynthese nicht befähigt. Zellulosemembran fehlt, das Plasma ist mit einer verdickten Plasmahaut, der Pellikula, umgeben. Wie die Blaualgen haben die Bakterien keinen ausgesprochenen Kern. Sie haben aber Kernsubstanz, diese Kernsubstanz ist über das ganze Plasma verteilt. Dadurch unterscheiden sie sich von den roten Blutkörperchen, die wirklich kernlos sind, d. h. keine Kernsubstanz haben, und daher keine vollwertigen Zellen sind. Die Vermehrung (Fortpflanzung) erfolgt stets ungeschlechtlich, und zwar durch einfache Zweiteilung (Spaltung – daher der Name „Spaltpilze") oder bei einigen, den Bazillen, durch Endosporen (Seite 48). Die Vermehrung der Bakterien geht sehr schnell vor sich; in wenigen Stunden können aus einem Keim Tausende von Bakterien entstehen.

Nach der verschiedenen Gestalt der Bakterien unterscheidet man:

Kokken, Bakterien von kugeliger Gestalt, z. B. die Eitererreger,

Stäbchenförmige Bakterien, darunter die Bazillen,

Spirillen, schraubenförmige Bakterien u. a.

Die Bakterien sind teils unbeweglich teils beweglich und mit Geißeln versehen.

Die meisten Bakterien (thermolabilen) werden schon durch Erhitzen auf $60^0 - 70^0$ C getötet. Es gibt aber auch Bakterien (thermostabile), die höhere Temperaturen längere Zeit vertragen können, z. B. die in heißen Quellen lebenden Bakterien oder der Bacillus calfactor (Seite 90), der die Selbsterhitzung von feuchtem Heu, Mist, Tabak über 60^0 C bewirkt. Eine große Widerstandsfähigkeit gegen Hitze, Austrocknen und auch gegen Desinfektionsmittel zeigen die Sporen der Bakterien; diese können daher nur durch längeres Kochen (Erhitzen auf 100° C) getötet werden.

Chirurgische Instrumente, Verbandsstoffe, Nährböden, Lebensmittel werden keimfrei gemacht (sterilisiert), indem die Bakterien getötet werden. Dies geschieht durch längeres Erhitzen auf 100° – 120° C in einem abgeschlossenen Dampftopf (Autoklav), wobei sowohl die Bakterien als auch ihre Sporen abgetötet werden, oder durch das Pasteurisieren. Beim Pasteurisieren wird mehrmals in gewissen Zeitabständen nur auf etwa 65° C erhitzt. Hierbei werden nur die Bakterien, nicht deren Sporen abgetötet. Wenn aber die Sporen sich wieder zu vegetativen Bakterien entwickelt haben, so werden beim wiederholtem Erhitzen auch diese wieder abgetötet, so daß ebenfalls eine Sterilisierung erreicht wird. Beim Pasteurisieren erfolgt nur eine geringe Veränderung von organischen Stoffen, die bei höherer Temperatur leicht zersetzt werden, z. B. pasteurisierte Milch ist zwar keimfrei gemacht, hat aber ihren Geschmack fast unverändert behalten.

Lebensweise der Bakterien

Die Bakterien leben teils autotroph teils – und zwar die meisten – heterotroph. Merke also:

Autotrophe Bakterien sind die zur Chemosynthese (Seite 81) befähigten Bakterien, z. B. die in Symbiose miteinander lebenden Nitritbakterien (Nitrosomonas) und Nitratbakterien (Nitrobacter), die Schwefelbakterien, die Knallgasbakterien, die Eisenbakterien u. a. (siehe Genaueres Seite 81!).

Außerdem gibt es noch autotrophe chlorophyllhaltige Bakterien (grüne Bakterien, Purpurbakterien), die zur Photosynthese befähigt sind.

Heterotrophe Bakterien sind alle übrigen und weitaus die meisten, und zwar leben sie:

s a p r o p h y t i s c h , das ist das ungeheure Heer der im Acker und Waldboden lebenden Bakterien, die die Fäulnis, Verwesung und Vermoderung der organischen Stoffe (Pflanzen- und Tierleichen) bewirken.

p a r a s i t i s c h , das sind die Bakterien, die Erreger von vielen Tier- und Menschenkrankheiten sind, z. B. der Diphtheriebazillus. Die bakteriellen Erreger von Typhus, Cholera, Wundstarrkrampf, Milzbrand können saprophytisch und parasitisch leben.

s y m b i o n t i s c h , z. B. die Knöllchenbakterien (Bacterium radicicola) in den Wurzeln der Leguminosen, die Darmflora der Säugetiere.

Aerobe Bakterien leben mit Sauerstoff, **anaerobe Bakterien** leben ohne Sauerstoff. **Obligat anaerobe Bakterien** können nur ohne Sauerstoff leben; für sie wirkt Sauerstoff sogar giftig. **Fakultativ anaerobe Bakterien** sind solche, die sowohl mit Sauerstoff als auch ohne Sauerstoff leben können.

Die Bedeutung der Bakterien

1. Viele Bakterien sind die Ursache mancher Krankheiten von Mensch und Tieren, z. B. Typhus, Cholera, Diphtherie, Wundstarrkrampf, Milzbrand, Tuberkulose u. a. m. Diese Bakterien sind natürlich schädlich.

2. Die Bodenbakterien, die die Ursache der Fäulnis, Verwesung und Vermoderung sind, bauen die organischen Verbindungen wieder zu CO_2 und HO_2 ab, so daß diese erneut von lebenden Pflanzen zum Aufbau neuer organischer Verbindungen verwertet werden können. Diese Bakterien sind ein wichtiges Glied im Kreislauf der Stoffe, ohne sie würde das ganze Leben auf der Erde zum Stillstand kommen. Eine wichtige Rolle in der Natur spielen die Bakterien, die elementaren Stickstoff binden können (siehe Seite 85/86!). Die Tätigkeit mancher Bakterien nutzt der Mensch für seine Zwecke aus, z. B. die Essigbakterien zur Bereitung von Essig, die Milchsäurebakterien zur Bereitung von saurer Milch, Sauerkraut, Sauerfutter. Es gibt also nicht nur schädliche Bakterien, sondern die allermeisten Bakterien sind nützlich und sind ein wichtiger Bestandteil im Haushalte der Natur.

Die wichtigsten Prüfungssachen
(Seitenangabe)

Die Zeichnungen der folgenden Figuren werden in der Prüfung verlangt:

Sachregister

Im Hitzeroth Verlag:

Dr. O. Sckell's naturwissenschaftliche
Repetitorien für Mediziner, Pharmazeuten
und Biologen

Otto Sckell, Physik-Repetitorium
ISBN 3-925944-65-6

Otto Sckell, Repetitorium der Allgemeinen Botanik
ISBN 3-925944-64-8

Otto Sckell, Repetitorium der Chemie,
I. Teil Allgemeine Chemie
ISBN 3-925944-66-4

Otto Sckell, Repetitorium der Chemie,
II. Teil Anorganische Chemie
ISBN 3-925944-67-2

Otto Sckell, Repetitorium der Chemie,
III. Teil Organische Chemie
ISBN 3-925944-68-0

**Die besonderen Vorzüge der Repetitorien von
Dr. O. Sckell sind:**

■ Sie bringen nur den unbedingt erforderlichen Prüfungsstoff, dessen genaueste Kenntnis durch eine langjährige Repetitortätigkeit des Verfassers und durch eine einzig dastehende Examensfragensammlung von allen deutschen Universitäten gewonnen wurde.

■ Sie sind methodisch aufgebaut, leichtfaßlich geschrieben und mit genügend erklärendem Text versehen, so daß sie trotz der knappen Darstellungsform leichtverständlich und zum Selbststudium ganz besonders gut geeignet sind.

■ Wiederholungen, Hinweise und fetter Druck heben die allerwichtigsten Prüfungssachen hervor.